클림트를
해부하다

일러두기

+ 본문에 수록된 도서의 경우 저자의 언어에 따른 원제를 함께 표기하였습니다.
+ 도판 정보는 [화가명, 작품명(영어 병기), 제작년도, 크기, 소장처, 주요 소재]이며 구스타프 클림트의 그림은 화가명을 생략하였습니다.

클림트를 해부하다

〈키스〉에서 시작하는 인간 발생의 비밀

유임주 지음

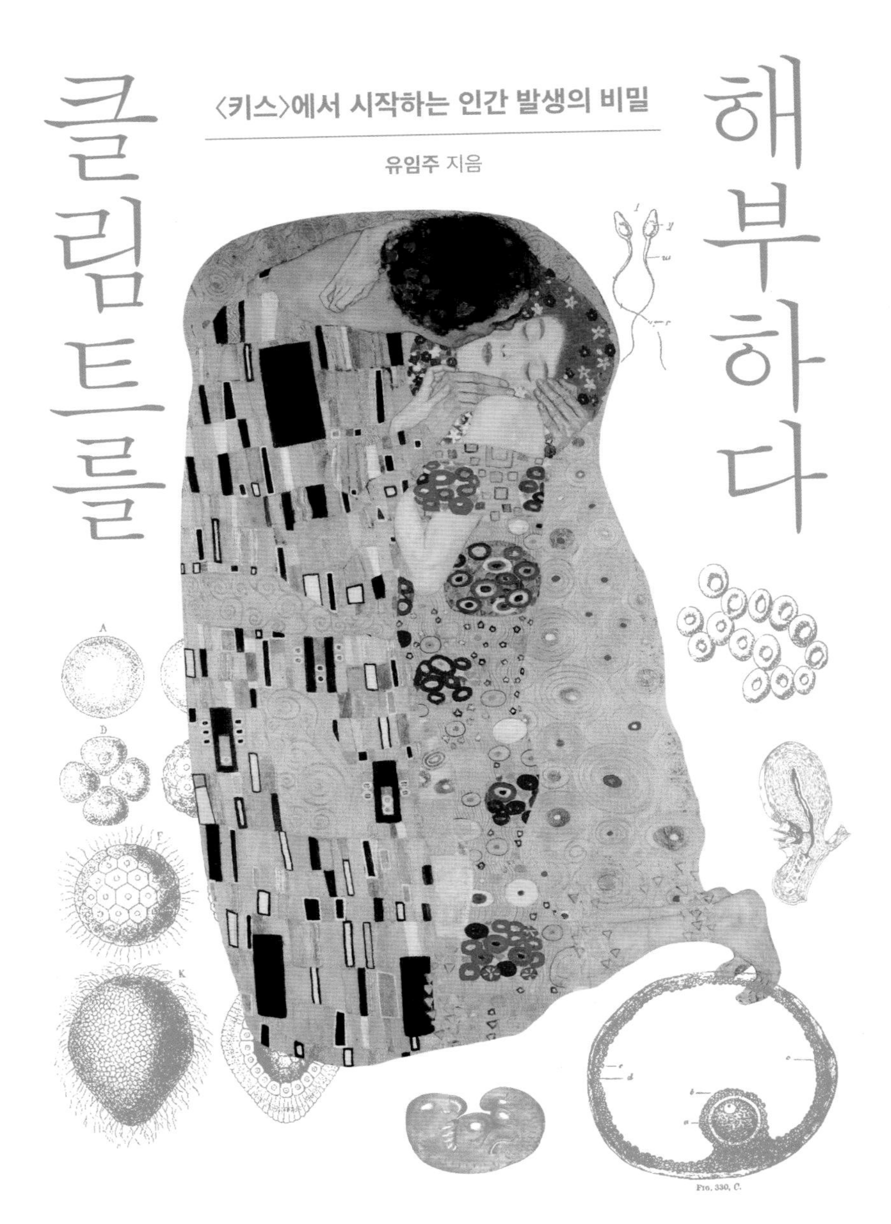

한겨레출판

추천의 글

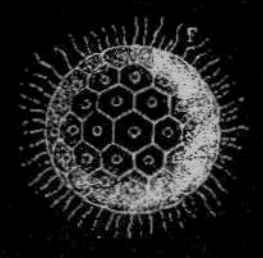

클림트의 〈죽음과 삶〉은 내가 강연 중에 가장 자주 언급하는 그림이다. 화면 가득 음습함과 화려함이 극적으로 대비되는 〈죽음과 삶〉을 걸어놓고 나는 생명의 가장 보편적인 속성이 죽음이라고 설명한다. 그러나 그 그림과 더불어 〈키스〉, 〈다나에〉, 〈포옹〉 등에 빼곡히 그려진 작은 문양들이 정자와 난자에서부터 인간 초기 발생 과정의 세포와 조직들을 형상화한 것인 줄은 정말 몰랐다. 클림트가 활동하던 19세기 말에서 20세기 초는 합스부르크 제국이 몰락하고 입헌국가가 시작되던 시기였다. 나라는 망해가는 와중에 빈에서는 역설적으로 문화와 학술의 꽃이 만개했다. 말러와 쇤베르크의 음악, 카프카와 슈니츨러의 문학, 하이데거와 비트겐슈타인의 철학, 멩거와 폰 미제스의 경제학, 그리고 로키탄스키와 프로이트의 의학이 살롱 문화 속에 버무려져 있었다. 이런 토양에서 클림트의 그림은 자연스레 과학과 예술의 아름다운 통섭으로 승화되었다. 의학박사인 저자가 펼쳐 보이는 예술의 경지가 놀랍도록 화려하고 흥미진진하다.

✣ **최재천** 이화여대 에코과학부 석좌교수, 생명다양성재단 이사장

어느 날 해부학 실습실 앞 복도에서 그를 만났다. 클림트의 그림을 분석해서 논문을 쓰고 있다고 했는데 그 그림이 내 연구실 벽에도 걸려 있는 〈키스〉라고 했다. 그리고 곧 그 논문이 《JAMA》에 실렸다는 소식을 보내왔다. 더 깊이 연구하고 싶다고 했다. 이제는 그것이 책으로 출판되었다. 주말 하룻저녁 꼬박 앉아서 다 읽었다. 이 책은 세상을 향한 그의 열린 마음과 시선이 느껴지는 글로 가득하다. 나는 의학을 인문학이라 믿는 의사다. 그의 학문이 더 깊어지고, 널리 알려지기를 바란다. 날카로운 눈과 예리한 솜씨, 뛰어난 창의력을 가진 해부학자의 문학과 미술과 과학이 어우러진 인문학이 세상의 눈길을 끌 것이다.

✣ **정지태** 대한의학회장, 고려대학교 명예교수

작가의 말

나는 지난 몇 년간 해부학자로서 전혀 관여할 것 같지 않았던 분야의 소논문 작업에 몰두해 있었다. 바로, 오스트리아의 예술가 구스타프 클림트Gustav Klimt, 1862~1918의 〈키스〉에 들어 있는 생물학적 상징과 인간 발생의 첫 3일이 표현된 생명 탄생의 서사를 찾아내는 논문이었다. 이 논문은 의학 분야 최고 권위로 평가받는 《JAMA Journal of American Medical Association》라는 미국의사협회 학술지에 실리기도 했는데, 영광스러운 결과이긴 하지만 내가 이 연구를 하게 된 것은 정말 뜻밖의 일이었다.

클림트의 〈키스〉를 연구 대상으로 삼게 된 첫 번째 계기는 2006년 오스트리아 빈Wien에서 열린 제5회 유럽 신경과학회였다. 그곳에서 나는 노벨 생리의학상 수상자인 에릭 캔델Eric Kandel, 1929~ 교수의 특강 "빈 의과대학과 오스트리아 표현주의의 기원"을 들었다.

1900년 당시 지성의 중심에 있던 빈 의과대학이 오스트리아 표현주의 예술가 구스타프 클림트, 에곤 실레Egon Schiele, 1890~1918, 오스카 코코슈카Oskar Kokoschka, 1886~1980 등에 영향을 미쳤다는 내용이었다. 캔델 교수는 클림트의 유명한 작품 〈아델레 블로흐바우어의 초상〉과 〈키스〉 등의 그림에 정자와 난자의 아이콘이 장식되어 있다고 언급했는데, 이것이 나의 호기심을 자극했다.

스치듯 묻어두었던 호기심은 무심코 본 어느 카페의 탁자에서 구체화되었다. 2020년 6월, 부산 경남 방송국 별관에 위치한 '뮤지엄 원'을 방문했을 때였다. 이곳은 유명한 미술작품을 현대적으로 재해석해 디지털화한 화면을 통해 대중들이 쉽게 미술작품을 접할 수 있도록 기획 전시를 열고 있었는데, 미술관 입구에 들어서니 클림트의 〈키스〉와 〈다나에〉 두 작품이 보였다. 원본 그림에 약간의 동적 요소를 넣은 동영상이었다.

관람을 마치고 카페에서 디지털 액자를 테이블로 사용한 자리에 앉아 커피를 마시고 있는데, 탁자의 화면에서 〈키스〉와 〈다나에〉의 그림이 반복적으로 상영되었다. 이때 나의 잠재의식 속에 들어 있던 해부학적 상징들이 마구 떠오르기 시작했다. 두 그림에 박혀 있는 무수히 많은 정자, 난자, 수정란 그리고 주머니배가 존재감을 드러냈다. 캔델 교수가 강연과 책에서 언급한 내용을 실제 내 눈으로 목격한 것이다. 나는 바로 연구에 착수했다.

이 책은 앞서 말한 학술지 《JAMA》에 게재된 논문 〈클림트의 키스와 인간 초기 발생학Gustav Klimt's The Kiss-Art and the Biology of Early Human Development〉[✣]을 근간으로 의과학적 관점에서 클림트의 작품

Gustav Klimt, 1862~1918

들을 해부한다. 〈키스〉 속 연인의 옷자락에 숨겨진 문양과 상징을 실마리로 삼아, 클림트가 일생을 통해 추구했던 테마, 바로 '인간의 생로병사'를 어떻게 예술작품으로 승화시켰는지 해부학자로서 탐색한다. 〈키스〉에는 당시 의과학자들이 꾸준한 연구를 통해 밝혀낸 진실들이 숨어 있다. 수정란이 세포분열해 분화하는 2세포기와 4세포기, 8세포기 그리고 12~32개의 알갱이로 이루어진, 뽕나무처럼 생긴 오디배로 발달하는 인간 발생의 모습 등이다. 해부학자의 관점에서 클림트의 그림은 단순히 두 연인의 에로티시즘만을 보여주는 그림은 아니다. 1900년대 전후의 과학적 성과를 기반으로 피부 밑에 존재하는 근원적인 생명의 아름다움을 드러낸 의과학적 예술작품인 것이다.

클림트는 어떻게 이런 그림을 그릴 수 있었을까? 그리고 이 그림들을 의학적인 관점에서 해부해보는 일의 의의는 무엇일까?

그 질문에 답하기 위해 쓴 이 책은 크게 3부로 구성되어 있다. 1부는 클림트 작품들을 본격 해부하기 위한 사전 작업으로서 1900년

✣ Kim DH, Park H, Rhyu IJ. Gustav Klimt's The Kiss-Art and the Biology of Early Human Development. JAMA. 2021 Nov 9;326(18):1778-1780. doi: 10.1001/jama.2021.14307.

대 전후의 오스트리아 빈으로 시간 여행을 떠난다. 빈 분리파✣ 운동을 주도한 클림트가 의학과 과학의 지식을 전수받을 수 있었던 배경인 살롱 문화와, 발생학 등 당시 의과학 분야의 연구 진행 상황 그리고 과학자들이 세포 수준에서 일어나는 이벤트를 포착할 수 있게 만든 현미경 기술의 발전 배경 등을 알아본다. 2부에서는 본격적으로 클림트의 작품들을 해부한다. 〈키스〉뿐만 아니라 〈벌거벗은 진실〉, 〈철학〉, 〈법학〉, 〈의학〉이 있는 빈 대학교의 천장화, 〈베토벤 프리즈〉, 〈여인의 세 시기〉, 〈죽음과 삶〉 등의 작품에 담겨 있는 해부학적 상징과 의미를 분석한다. 3부에서는 비슷한 시기에 발생학, 진화론, 세포에 대한 이해를 기반으로 그려진 다른 예술작품들을 살펴본다. 오딜롱 르동, 에드바르 뭉크, 요제프 볼프, 디에고 리베라, 프리다 칼로, 바실리 칸딘스키 등의 작품이 소개된다.

의과학적 관점에서 분석한 클림트의 작품은 생로병사라는 인생의 주기를 발생학과 진화론적 사상에 기반해 그린 '연작 시리즈'이다. 〈키스〉와 〈다나에〉에서 난자와 정자의 모습, 수정 과정, 인간 발생 1주를 묘사했고, 〈희망 I〉과 〈희망 II〉에서는 임산부가 겪는 정신적·육체적 변화를 담았다. 그리고 〈여인의 세 시기〉, 〈죽음과 삶〉에는 신생아에서 시작해 죽음에 이르는 인생의 긴 여정을 기록했다. 이 작품들은 모두 문화사적인 측면에서 보아도 '과학이 예술에 미친 영향력'을 보여주는 대표적인 사례이다. 과학은 예술가들이 표현의 지평을 넓힐 수 있도록 영감을 준 뮤즈Muse였다.

✣ 1897년 클림트를 중심으로 형성된 전위적 성격의 예술 유파. 과거의 전통적인 아카데미 형식에서 벗어나 독립적이고 자유로운 예술 활동을 시도하였다.

책을 쓰는 작업은 그동안 해부학 공부에만 치우쳐 균형 잡힌 교양이 부족한 의과학자가 클림트의 미술작품을 매개로 하여 과학사, 미술사, 인류학, 고전 인문학까지 맛볼 수 있었던 즐거운 여정이었다. 낯선 연구였지만 오랜만에 호기심 가득한 소년으로 돌아가 역사 속으로 시간 여행을 하면서 많은 친구들을 만났다. 독자들에게도 이 즐거웠던 여행길을 추천하고 싶다. 책을 출판하도록 격려해준 한겨레출판의 허유진 팀장과 마지막까지 애써준 원아연 편집자에게 감사의 마음을 보낸다. 클림트 논문의 공저자로 수고해준 김대현 교수, 박현미 교수에게도 감사하고, 참고문헌을 부지런히 찾아준 고려대학교 의학도서관 식구들의 수고에도 감사를 보낸다. 독자의 입장에서 조언을 아끼지 않았던 아내에게도 감사의 마음을 전하고 싶다.

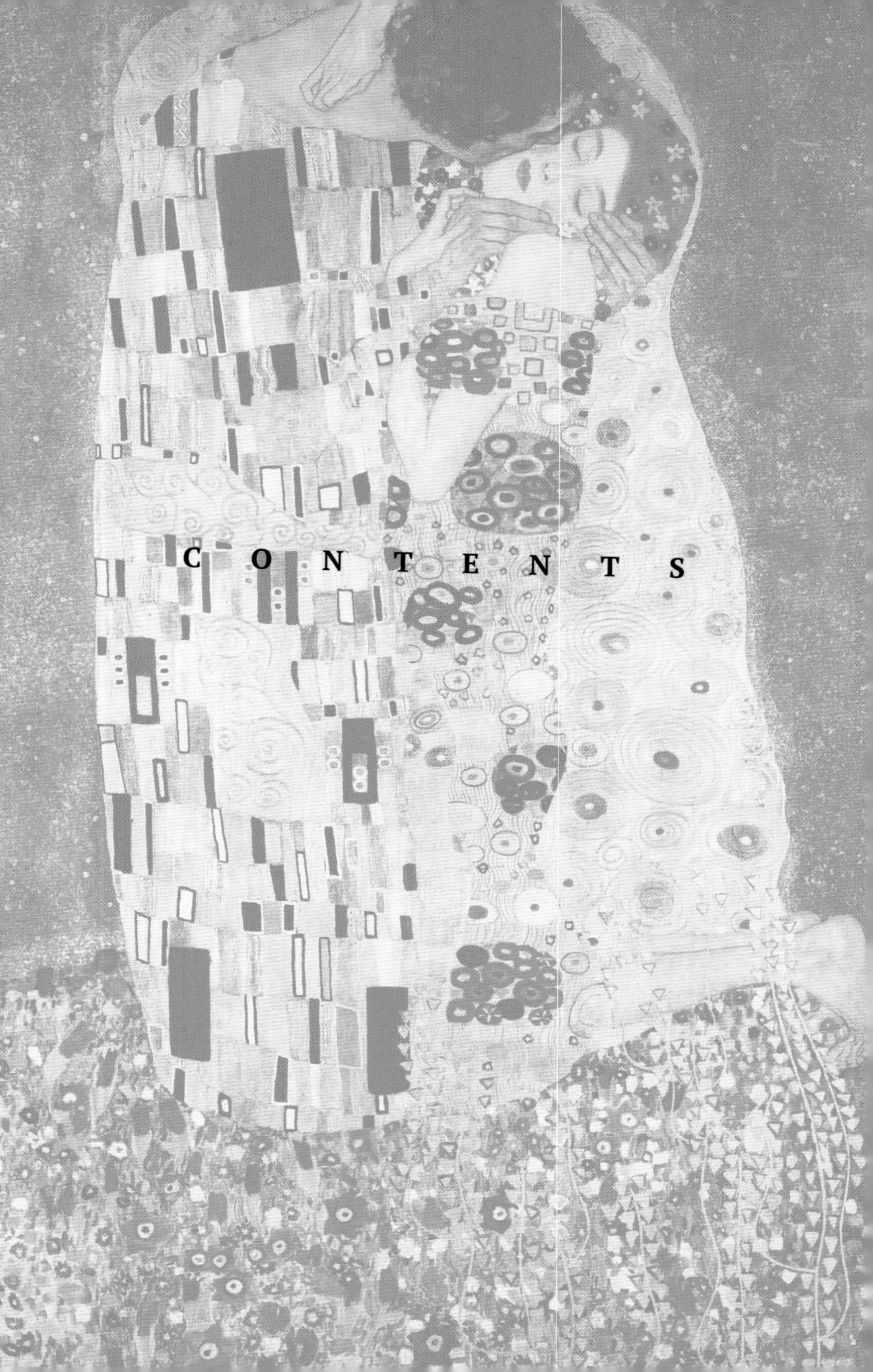

CONTENTS

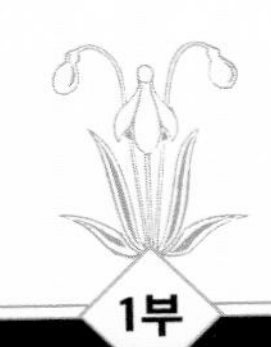

1부
클림트의 탄생

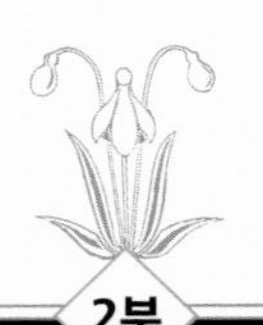

2부

클림트 코드를 파헤치다

3부

예술, 인간의 기원을 좇다

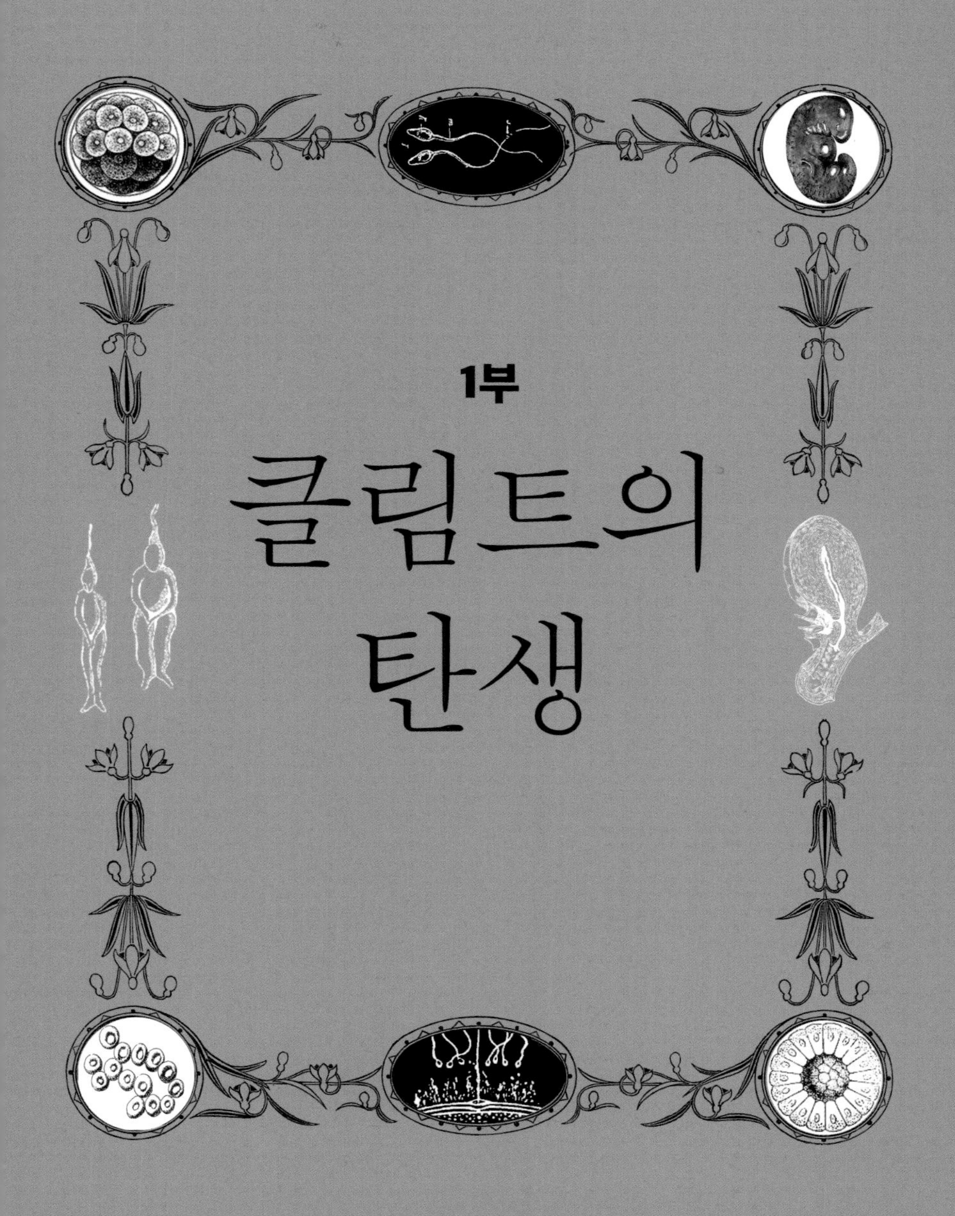

1부

클림트의 탄생

작은 씨앗

1900년대 전후 빈의 분위기

클림트가 자신의 그림에 해부학적 상징을 넣은 이유를 이해하기 위해 당시 오스트리아의 시대 배경을 알아보자. 구스타프 클림트가 활동한 시대는 오스트리아 역사에서 51년간 존재했던 오스트리아-헝가리 제국1867~1918의 시대였으며 합스부르크 군주 정치의 마지막 단계이자 입헌정치가 시작되는 전환기였다. 또한 이 시기는 1848년 프랑스에서 일어난 2월 혁명✣의 영향으로 유럽 전역에 자유주의의 열망이 한층 고조되고, 오스트리아-헝가리 제국이 해체되는 제1차 세계대전이 일어나기 전까지는 유럽대륙에 전쟁이 없었던 벨 에포크Belle Époque✣✣의 평화로운 시절이기도 했다.

✣ 1848년 2월 프랑스에서 파리 시민과 노동자가 왕정에 반대하여 일으킨 혁명이다.

✣✣ 프랑스어로 '아름다운 시절 또는 좋은 시대'라는 의미이다. 보통 19세기 말부터 제1차 세계대전(1914~1918)이 일어나기 전까지 유럽대륙에 전쟁이 일어나지 않아 경제와 문화가 발전했던 평화로운 시기를 뜻한다.

오스트리아-헝가리 제국의 성립은 오스트리아 합스부르크 황실의 쇠락과 관련이 깊다. 1867년 오스트리아 제국은 프로이센과의 전쟁에서 패배한 결과 국제적 지위가 크게 약해져서, 독립을 요구하는 제국 내 여러 민족의 거센 움직임에 시달린다. 오스트리아 제국은 이를 막아내기 위해 제국 내에서 두 번째로 인구가 많은 헝가리 왕국에 대폭적인 자치권을 부여하는 대타협을 이끌어냈고, 오스트리아-헝가리 제국이 성립된다. 이 제국의 군주는 오스트리아의 합스부르크 왕가에서 배출되었지만 제국은 오스트리아와 헝가리로 나뉘어 각국의 총리가 실질적인 통치를 하였다. 다민족 연합체였던 오스트리아-헝가리 제국은 황실의 명맥을 유지하고자 했던 오스트리아의 프란츠 요제프 황제 1세Franz Joseph I, 1830~1916✣의 타개책이었지만, 제1차 세계대전의 패배로 오스트리아, 헝가리, 폴란드, 체코슬로바키아, 유고슬라비아 등으로 해체되었다.

유럽대륙에서 유럽의 구질서를 수호하는 주요 세력이었던 오스트리아-헝가리 제국은 독일인, 헝가리인, 체코인, 세르비아인, 크로아티아인, 보스니아인 등 인구 구성이 다채로웠다. 제국은 겉으로는 자유주의를 억압했지만, 다민족 연합체로서의 특수성을 지니고 있었다. 또한 통치세력이었던 오스트리아 합스부르크 황실의 힘이 약했기 때문에 서로 다른 민족의 다양성을 인정하고 다문화에 관대할 수밖에 없었다. 다름을 인정하고 포용하는 분위기

✣ 오스트리아 제국(재위 1848년~1867년)의 3대 황제이자 오스트리아-헝가리 제국(재위 1867년~1916년)의 황제이다. 18세의 젊은 나이에 즉위하여 68년간 오스트리아 황제로 군림하였다.

덕분에 수많은 역사적인 인물이 배출되었다. 클림트를 비롯하여 독일계 에곤 실레, 오스카 코코슈카 등의 화가와 독일계 요한 슈트라우스 2세, 유대계인 구스타프 말러와 아르놀트 쇤베르크, 헝가리계 프란츠 리스트 등의 음악가, 유대 및 체코계 작가 프란츠 카프카, 유대계 정신의학자 지그문트 프로이트 등이 대표적이다.

또한 클림트가 활동했던 당시에는 과학계에도 큰 변화가 있었다. 찰스 다윈Charles Darwin, 1809~1882이 1859년 출간한《종의 기원On the Origin of Species》의 영향으로, 인간이 신의 창조로 나온 것이 아니라 동물로부터 진화되었다는 진화생물학이 제시되었다. 다윈은 후속 저작들에서 생물의 일차적인 기능을 번식으로 보았고, 더 단순한 형태에서 진화한 존재인 인간의 생물학적 본성에 주목했다. 이러한 새로운 견해를 접한 미술계도 마찬가지로 인간의 생물학적 본성을 재검토하기 시작했다.✣ 인간 본성을 탐구하는 예술이 과학으로부터 자극받아 인간을 새롭게 탐구하고 표현할 수 있는 토대가 이 시기에 마련되었다고 볼 수 있다.

클림트가 활동하던 1900년대 빈은 쇠락해가는 오스트리아 제국의 중심에 있었다. 1848년 자유주의 혁명의 결과로 즉위한 황제 프란츠 요제프 1세는 젊은 나이에 난세를 극복해야만 하는 숙제를 떠안고 있었고, 결국 영국과 프랑스의 진보적인 입헌군주제를 모델로 삼아, 계몽된 중산층과 완고한 귀족이 정치적·문화적 동반자가 될 수 있도록 일련의 조치를 취했다.

✣ 에릭 캔델,《통찰의 시대》, 알에이치코리아, 이한음 옮김, 2014.

1857년 프란츠 요제프 황제는 시민들을 위한 크리스마스 선물로 빈 시내를 원형으로 묶는 링슈트라세Ringstrasse를 기획하고, 그 주변에 빈 대학교, 자연사 박물관, 제국 의회 의사당, 올드 캐슬 극장, 오페라하우스와 같은 기념비적 건물들을 건축했다. 이는 이후 50년에 걸쳐 펼쳐질 예술 대역사의 시작이나 다름없었다. 이런 활동들은 여러 건축물의 건설과 장식을 도맡을 건축가와 예술가들에게 일자리를 제공하였다. (우리가 본격적으로 살펴볼 구스타프 클림트는 1862년에 빈에서 태어나 바로 이 시기에 자신의 예술을 꽃피우고 제국이 소멸하는 해인 1918년에 사망한 오스트리아의 대표적인 예술가이다.)

링슈트라세 주변에 건축된 고딕, 르네상스, 바로크 양식의 건물들은 가히 나폴레옹 3세의 파리 개조를 능가하는 발전이었다.✣ 프란츠 요제프 황제는 링슈트라세 개발을 통해서 자신의 위신을 높이고, 국가의 위대함을 입증하려 했다. 일련의 유화 정책 속에서도 황제는 검열과 경찰국가 체계를 동원해 강력한 전제정치를 행하였다. 이러한 분위기를 반영하듯 건축물들은 이제 막 현대로 진입하는 시대적 조류와는 어울리지 않는 면모를 갖추고 있기도 했다. 이런 맥락에서 빈이 여전히 과거의 완고한 문화에서 벗어나지 못했다고 할 수도 있지만, 시민들은 빈이 세계적인 문화 도시로 변모하는 것을 목도하면서 황제의 배려에 감동하고 환호했다. 이때 중산층은 정치에 관심을 갖는 대신 연극과 음악 같은 공연예술에 관심을 가지면서 빈 특유의 유미주의를 탄생시키고 성장시켰다.

✣ 김정운, 〈슈니츨러·프로이트…지식인 융합모임, 비엔나를 이끌다—바우하우스 이야기 41〉, 《중앙선데이》, 2020.08.08.

도시 건설 외에도 사회적 변화 조치가 이루어졌다. 1848년 이래 유대인에 대한 차별 조항이 완화 또는 삭제되었고, 최종적으로 유대인들은 오스트리아 시민으로서 동등한 권리를 행사하며 빈을 이끄는 새로운 세력으로 등장한다. 또한 합스부르크 제국 내의 여행 금지 조치가 1870년에 완전히 폐지되어 다양한 종교적·사회적·문화적·인종적·교육적 배경을 갖는 유능한 인물들이 빈에 모여들었다. 빈은 에너지 넘치는 활기찬 국제도시로 변모하게 되었다.

특히 다양한 민족과 국가 출신의 신진 지식인들이 유입해오면서 교육의 현대화가 진행되었고, 빈 대학교는 교육과 연구의 중심지로서 빈의 지성을 선도하며 '빈 모더니즘의 출현'에 중대한 기여를 하게 된다. 1900년에 빈은 인구 200만 명의 도시로 성장했으며, 상당수는 지적인 문화적 성취를 강조하는 도시의 분위기에 이끌려 세계 각국에서 온 사람들이었다.✣ 결과적으로 1900년을 전후하여 세기의 인물들이 빈의 시민으로 살아가면서 빈 모더니즘 문화를 창출하고 향유하였다.

✣ 에릭 캔델, 《통찰의 시대》, 알에이치코리아, 이한음 옮김, 2014.

빈 모더니즘
젊은 예술가들, 문화적 황금기를 이끌다

'빈 1900'이 지칭하는 시기는 다양하긴 하지만 넓게 보면 1880년에서 1920년, 좁게 보면 1890년에서 1918년의 시기로 규정된다. 이 시기를 중심으로 제국의 도시 빈은 문화적 황금기를 이루어냈는데 그 기반에는 과학, 인문학, 예술 분야의 활발한 문화적 교류가 있었고 이것이 빈 모더니즘을 특징짓는 중요한 요소가 되었다.

1890년대 빈에서 새로운 문화를 만들어간 젊은 세대를 이해하기 위해서는 그들의 어버이 세대이자 1848년 3월 혁명✣을 주도한 자유주의 중산층에 대해 이해할 필요가 있다. 1848년 3월 혁명을 주도했던 자유주의자들은 프랑스와 같이 왕정 체제를 바꾸기에는

✣ 헝가리 등 동유럽 국가들이 합스부르크 왕가로부터 독립하기 위해 일으킨 혁명이다. 혁명은 실패했지만 보수주의의 수호자였던 메테르니히(Metternich, 1773~1859)가 실각한다.

역량이 부족하였다. 그러나 1866년 프로이센-오스트리아 전쟁의 패전 후, 비스마르크의 처분에 따라 어부지리로 국가 운영의 주도권을 쥐게 된다. 처음부터 귀족 및 제국의 관료들과 권력을 공유해야만 했기에, 자유주의자들은 나름대로 사회적 기반을 잡고 20년간 집권한 후에도 여전히 세력이 허약했다. 결국 1890년대에 이르자 모든 힘이 바닥났고, 빈 정계를 지배하고 나선 신흥 대중 정당들의 약진에 밀려나고 만다. 아무리 노력해도 구질서의 일부가 되지 못했던 자유주의 중산층에게 '탐미주의'는 그들의 삶에서 유일한 희망이자 대안이었다.✣

하지만 그들의 탐미주의는 그들만의 고유한 양식으로 발전하지는 못했다. 빈의 자유주의 부르주아들은 갑자기 부를 축적하였지만 자신들만의 독창적인 문화를 만들어내지 못하였기에 부를 과시하고자 기존 귀족의 문화를 모방하는 경향이 있었다. 지난 시대 귀족들이 예술품을 장식물로서 사용한 것처럼 그들도 예술품을 부를 뽐내기 위한 전리품으로 여겼다. 당시 자유주의 부르주아들이 미술품 수집을 통해 보여주었던 탐미주의는 예술 자체에 대한 애착이라기보다는 자신들의 성공을 과시하는 수단에 불과하였다고 볼 수 있다.

1890년에 이르자 자유주의자의 자녀들이 성인이 되어 활동을 시작하게 된다. 이들은 벼락부자 같은 아버지 세대를 부끄러워했다. 아버지 세대가 어설프게 얻어낸 자유주의적·합리적 가치를

✣ 칼 쇼르스케, 《세기말 빈》, 글항아리, 김병화 옮김, 2014.

거부하고, 합리성과 이성적 판단에 근거한 아버지의 분류 체계에 저항했다. 이들은 예술을 사업의 장식품이 아니라 창조적 활동으로 여겼으며 "예술은 예술"이라고 주장하면서 그들의 삶 중심에 두었다. 이들 예술가들은 빈의 살롱과 카페에 자주 들러 생동감과 자발적인 자기표현을 발견해간다. 이러한 시대적 배경 속에 '청년-빈Jung-Wien' 같은 시문학 동인이 형성되었는데, 대표적인 멤버로는 아르투어 슈니츨러, 카를 크라우스, 헤르만 바르, 후고 폰 호프만슈탈, 슈테판 츠바이크가 있다.✣

오스트리아의 빈이 당시 다른 유럽 지역보다 상대적으로 늦게 현대적인 움직임을 나타냈음에도 불구하고 19세기 말과 20세기 초 새로운 사상의 인큐베이터 역할을 한 배경에는 빈 특유의 살롱·카페 문화가 있다. 앞에서 언급한 것처럼 기성세대의 정치나 문화에 실망한 지식인들이 살롱이나 카페에 모여들어 염세적인 절망을 토로하고 서로를 위로하면서 다양한 학문을 공유하고 친분을 쌓아나갔다. 여러 부류의 지식인들이 지식을 공유하며 새로운 20세기로 나아갈 아방가르드적인 문화를 만들어나갔다. 세기 전환기 빈의 살롱과 카페는 문화, 예술, 철학, 정치, 과학 등 온갖 지적인 활동이 공존하는 공간이었으며, 그곳에서 새로운 사상과 양식이 출현했다. 클림트를 비롯해 이 시기에 활동했던 수많은 역사적 인물들에게 살롱은 저택 응접실 이상의 장소였고, 카페는 단순히 커피를 마시는 장소가 아닌 지식의 보금자리였다.

✣ 앨런 재닉, 스티븐 툴민, 《비트겐슈타인과 세기말 빈》, 필로소픽, 석기용 옮김, 2020.

캔델은 그의 저서《통찰의 시대The Age of Insight》에서 이렇게 화가, 저술가, 과학자, 언론인 모두가 끈끈하게 연결되어 있는 것은 빈 특유의 살롱·카페 문화뿐 아니라 대학 입학 전 단계의 교육기관인 김나지움 덕분이라고 기술하고 있다. 지식인들은 김나지움 고학년 때 인문학과 과학을 함께 배우기 때문에 문화적으로 관심의 폭이 넓었고, 그 덕분에 과학, 인문학, 예술 사이의 틈새를 쉽게 메울 수 있었다. 1900년 초 빈의 영향력 있는 살롱 운영자였던 베르타 주커칸들Bertha Zuckerkandl이 쓴 자서전에는, 1902년 프랑스의 유명한 조각가 로댕Auguste Rodin, 1840~1917이 분리파 전시회의 오후 다과회에서 클림트와 만났을 때의 에피소드가 소개되어 있다.✣

> 나는 커피를 테라스에 내어놓았고, 클림트와 로댕은 치명적으로 아름다운 두 젊은 여성 앞에 앉아 있었다…. 로댕은 마법에 걸린 듯 그들을 바라보고 있었다. 이중문이 활짝 열려 있는 응접실에는 유명한 살롱 피아노 연주자인 그륀펠트Alfred Grunfeld,1852~1926가 널찍한 응접실의 피아노 앞에 앉아 있었다. 클림트는 "슈베르트의 작품 좀 들려주세요"라고 연주를 부탁했고, 그륀펠트는 시가를 입에 문 채로 몽환적인 슈베르트를 선보였다.
> 로댕은 클림트에게 몸을 숙여 말했다. "이런 분위기는 전에 경험해 본 적이 없어요. 당신의 비극적이고, 웅장한 베토벤 프레스코화도 그렇고, 신전 속에 와 있는 기분을 느끼게 한 잊을 수 없는 전시회도 그

✣ Zuckerkandl, Bertha, Ich erlebte fünfzig Jahre Weltgeschichte, Stockholm : Bermann-Fischer, 1939.

렇고, 지금은 또 이 정원과 여인들, 그리고 이 음악, 그리고 당신 주위에, 당신 안에는 즐거운 어린아이 같은 기쁨이 있습니다. 그 이유가 뭔가요?" 내가 번역하자, 클림트는 머리를 숙여 인사하고, 단 한 마디로 답했다. "오스트리아."

위와 같이 낭만적인 공간에서 여러 분야의 지성인들이 만나 각 분야의 지식을 나누고, 언어를 배우고, 통합해가는 일은 빈에서만 가능했다. 이러한 자유로운 행위들이 독특하고 창의적이며 통섭적인 빈만의 문화를 창출해낸 것이다.

이와 더불어 1900년대 전후에는, 세기말에 흔히 나타나는 급속한 발전을 요하는 세찬 압력, 고급문화를 찾아 몰려온 여러 민족이 만든 문화적 다양성, 대제국의 끝자락에서 온 데카당스Decadence적 분위기가 폭발적으로 융합되고 발산되었다. '빈 1900'은 건축, 디자인, 회화, 문학, 정신분석, 음악, 철학, 정치, 경제학 등 많은 분야에서 새로운 이정표를 찍는 사상과 인물들을 대거 배출한, 그야말로 '문화적 생산성이 대단한' 시기였다. 이 영향은 21세기인 지금까지도 이어지고 있어 지성사를 연구하는 학자들의 꾸준한 연구 대상이 되고 있다.✣

앞선 이야기들을 축약하면 '빈 1900'은 모더니즘을 이끌어낸 시공時空이라고 요약할 수 있다. 그럼 이 시대에 구체적으로 어느 분야에서 어떤 인물들이 활약했는지 알아보자.

✣ 크리스티안 브란트슈태터, 《비엔나 1900년》, 예경, 박수철 옮김, 2013.

우선 미술 분야를 살펴보면, 오스트리아 표현주의 미술을 이끈 인물로 구스타프 클림트, 에곤 실레, 오스카 코코슈카 등이 있다. 건축과 디자인 분야에선 오토 바그너Otto Wagner, 1841~1918가 분리파 운동을 주도하며 과거의 건축 양식과 구분된 예술성과 기능성을 가미한 간소하고 실용적인 건축 양식을 제안했다. 요제프 마리아 올브리히Joseph Maria Olbrich, 1867~1908는 양배추 돔으로 유명한 분리파 전시관을 건축하였으며, 아돌프 로스Adolf Loos, 1870~1933는 "장식은 죄악이다"라고 주장하면서 장식이 없는 '로스 하우스Loos Haus'를 지어 큰 파장을 일으켰다. 로스 하우스는 당시에는 거센 비난을 받았으나 지금은 모더니즘 건축의 시조라고 인정받는 건축물이다. 요제프 호프만Josef Hoffmann, 1870~1956과 콜로만 모저Koloman Moser, 1868~1918는 빈 공방Wiener Werkstatte✣을 설립해 예술과 건축, 디자인을 연계한 생활 속의 아름다움을 추구했다. 이들은 1920년 독일의 바우하우스Bauhaus 탄생에 큰 영향을 미치게 된다.

음악 분야에서는 오늘까지 명성을 이어오고 있는 구스타프 말러Gustav Mahler, 1860~1911가 지휘자와 작곡가로 활발히 활동했으며, 궁정 가극장Wiener Staatsoper 수석 지휘자로서도 혁신적인 역량을 선보였다. 또한 아놀드 쇤베르크Arnold Schönberg, 1874~1951와 그의 제자들이 12음계 시스템을 개발해 음악의 영역을 확장하였다. 의학 분야에서는 테오도어 빌로트Theodor Billroth, 1829~1894, 테오도어 마이네르트Theodor Meynert, 1833~1892, 카를 로키탄스키Carl Rokitansky, 1804~1878, 요제

✣ 1903년에 설립되었으며, 공예, 가구, 책의 장정 등을 제작하였다.

프 스코다Josef Skoda, 1805~1881, 율리우스 바그너야우레크Julius Wagner-Jauregg, 1857~1940(1927년 노벨 생리의학상 수상), 카를 란트슈타이너Karl Landsteiner, 1857~1940(1930년 노벨 생리의학상 수상) 등이 빈 의대를 중심으로 현대 의학의 기초를 이끌었다.

로키탄스키는 빈 의대 학장으로서 임상 증상과 해부 병리적 소견을 연관시킨 연구를 통해 질병을 과학적으로 이해하는 데 지대한 기여를 했으며, 후에 심리학자 지그문트 프로이트Sigmund Freud, 1856~1939, 빈 모더니즘 소설가 아르투어 슈니츨러Arthur Schnitzler, 1862~1931에게도 많은 영향을 미쳤다.

프로이트도 이 시대에 독보적으로 두각을 나타낸 인물이다. 그는 유명한 저서 《꿈의 해석Die Traumdeutung》을 통해 정신 탐구의 과학적 기반을 제시하였고, 정신분석학이라는 새로운 학문 분야를 개척하였다. 당시 빈은 세계 의학의 중심지였다. 많은 미국 학생들이 빈에서 유학을 했고, 그중 미국 의학계에 지대한 영향을 준 의사로는 윌리엄 오슬러William Osler, 1849~1919, 윌리엄 할스테드William Halsted, 1852~1922, 하비 쿠싱Harvey Cushing, 1869~1939 등이 있다. 특히 오슬러와 할스테드는 세계적으로 유명한 존스 홉킨스Johns Hopkins 병원을 창설하였고, 오슬러가 1892년에 저술한 내과 교과서✣는 40여 년간 세계 각국에서 내과학 교과서로 사용되었다.

철학 분야에서도 걸출한 인물들이 이 시기에 등장하였다. 과학 인식에 있어서 감각에 주어진 것만을 인정하는 실증주의적 입장

✣ The Principles and Practice of Medicine: Designed for the Use of Practitioners and Students of Medicine.

의 '감각론'을 주장한 에른스트 마흐Ernst Mach, 1838~1916, 과학의 논리적 분석 방법을 철학에 적용하고자 하는 사상인 '논리실증주의'를 내세운 루돌프 카르나프Rudolp Carnap, 1891~1970, 일상언어학파의 창시자이자, 존 듀이John Dewey, 1859~1952, 마르틴 하이데거Martin Heidegger, 1889~1976와 함께 3대 교화 철학자 중 하나로 꼽히는 루트비히 비트겐슈타인Ludwig Wittgenstein, 1889~1951, 현대 철학의 형성, 특히 현상학에 큰 영향을 미친 프란츠 브렌타노Franz Brentano, 1838~1917, '빈 학파'를 이끌며 과학과 철학을 통합하려는 노력을 기울인 모리츠 슐리크Moritz Schlick, 1882~1936 등이 이 시기의 철학자들이다.

이 중 특히 비트겐슈타인은 1999년《타임》지에서 선정한 20세기 가장 영향력 있는 인물 100명에 순수철학자로서는 유일하게 이름을 올렸는데, 청년 비트겐슈타인을 만난 영국의 유명한 철학자 버트런드 러셀Bertrand Russell, 1872~1970은 "운명적인 만남이었고, 1년 동안의 지도 후 더 이상 지도할 것이 없다는 생각이 들었으며, 나를 능가했다는 느낌을 받았다"고 밝히기도 했다. 또한 비트겐슈타인의 제자 와스피 히잡은 "흔히 모든 철학은 플라톤에 대한 주석에 지나지 않는다고 말한다. 하지만 이 말에는 '비트겐슈타인 이전까지'라는 단서를 덧붙여야 한다"고 말한 바 있다.

경제학 분야에서는 한계효용이론을 제안한 카를 멩거Carl Menger, 1840~1921, 빈 경제학파를 설립한 루트비히 폰 미제스Ludwig von Mises, 1881~1973와 오이겐 폰 뵘바베르크Eugen von Boehm-Bawerk, 1851~1914 등이 있으며, 문학 분야에는 빈 모더니즘에 있어 가장 중요한 작가 중 한 명으로 평가받는 아르투어 슈니츨러와 노벨 문학상 후보에 세

번이나 올랐던 카를 크라우스Karl Kraus, 1874~1936, 문예평론가였던 헤르만 바르Hermann Bahr, 1863~1934, 다수의 서정시와 극을 발표한 시인이자 극작가 후고 폰 호프만슈탈Hugo von Hofmannsthal, 1874~1929, 전기물과 역사소설로 유명한 슈테판 츠바이크Stefan Zweig, 1881~1942 등이 있다. 이들은 모두 신낭만주의와 급진적인 경향을 따르는 '청년-빈' 소속이었으며, 청년-빈 소속이 아닌 이 시대의 주요한 문학가 중 한 명으로는 데뷔작《사관후보생 퇴를레스의 망설임Die Verwirrungen des Zöglings Törleß》부터 이름을 떨친 로베르트 무실Robert Musil, 1880~1942이 있다.

이 중 슈니츨러는 가업을 잇기 위해 빈 의대를 졸업한 후 정신과 의사로 일하다가 글쓰기에 전념한 경우로,《구스틀 소위Lieutenant Gustl》에서 독백이라는 서사적 기법을 독일어 문학에 처음 도입해 사람의 무의식을 예리하게 포착해낸 작가이다.✣ 인간 행위의 배경에 숨은 '성'의 중요성을 인식하고 과감하게 작품 속에 담아낸 문학계의 프로이트라고 할 수 있다. 실제로 프로이트와 슈니츨러는 저명한 정신신경학자인 테오도어 마이네르트Theodor Meynert, 1833~1892 교수에게 정신의학을 사사했다는 공통점이 있다.

사진작가들이 말하는 매직타임이란 게 있다. 하루 두 번, 해 뜰 때와 해 질 때 가장 아름다운 빛을 비추는 마법의 시간대를 일컫는 말이다. '빈 1900'은 오스트리아 제국이 그 마지막 순간에 바다에

✣ 크리스티안 브란트슈태터,《비엔나 1900년》, 예경, 박수철 옮김, 2013.

잠기며 내뿜는 강렬하고 아름다운 낙조를 보여준 마법의 시간은 아니었을까? 이토록 빛나는 인물이 많으니 말이다. 태양은 다시 떠오르고 현대의 시간은 계속된다.

성장

클림트의 출생과 성장

클림트의 작품이나, 작품으로부터 유래한 디자인은 우리가 살고 있는 현대사회 곳곳에서도 쉽게 발견할 수 있다. 그럼에도 불구하고 클림트의 삶은 그의 작품과 달리 그리 많이 알려지지 않았다. 대체로 클림트와 관련된 도서를 읽으면서 보게 되는 중요 키워드는 다음과 같다.

1. 오스트리아의 상징주의 화가
2. 아르누보 화가
3. 분리주의 운동
4. 빈 공방
5. 황금빛 작가

평소 과묵한 성격이었고, 일기와 같은 기록도 특별히 남긴 것이 없으며 대중 앞에 나서기를 꺼렸다고 하는 클림트는 스스로 "나는 인간적으로 재미없는 사람입니다. 나를 들여다보면 별다른 점이 없어요. 그저 매일 아침부터 늦은 밤까지 일정하게 그림을 그리는 화가일 뿐입니다"✣라고 밝혔다.

그는 실제로 매우 성실한 화가였다고 한다. 아침 일찍 일어나 걷거나 트램을 타고 쇤브룬 궁전 정원에 있는 카페 마이어라이 티볼리로 가서 아침을 든든하게 먹고, 오전 9시쯤 스튜디오에 도착해 오후 5시까지 모델들과 작업을 했다. 귀가한 뒤에는 푸짐한 저녁식사를 마치고 밤 10시가 되기 전에 잠들었다고 한다. 화려한 그림으로는 연상되지 않는, 사계절 늘 같은 규칙적인 삶. 클림트가 어떤 인생을 살았는지 한번 살펴보자.

1862년, 구스타프 클림트는 보헤미아 출신의 금 세공업자인 에른스트 클림트Ernst Klimt, 1834~1892와 뮤지컬 배우 지망생이었던 안나 핀스터Anna Finster, 1836~1915 사이에서 7남매 중 둘째로 태어났다. 빈 남서부 바움가르텐의 작은 교외 마을에 살았던 클림트 가족은 매우 가난했다고 한다. 특히 1873년 합스부르크 제국의 빈 세계 박람회가 재정적으로 실패하고, 주식시장이 폭락하는 등 경기가 침체되면서 상황은 더욱 안 좋아졌다. 일자리가 부족했기 때문이다.✣✣

클림트 가족은 구스타프 클림트가 태어나던 1862년부터 20여

✣ 비브 크루트, 《인포그래픽, 클림트》, 큐리어스, 박성진 옮김, 2018.

✣✣ 프랭크 휘트포드, 《클림트》, 시공사, 김숙 옮김, 2002.

년간 저렴한 집을 찾아 여러 번에 걸쳐 이사를 다녀야만 했다. 구스타프 클림트의 여동생 헤르미네Hermine Klimt, 1870~1936의 증언에 따르면 크리스마스 때 선물을 기대하기 어려웠고, 심지어 빵이 없는 경우도 있었다고 한다. 이런 가운데 클림트의 여동생 안나Anna Klimt, 1869~1874가 다섯 살에 긴 병치레로 사망하고, 누이 클라라Klara Klimt, 1860~1937는 정신병 증상에 시달리기까지 했다.✣

클림트 집안에는 미술에 재능을 보이는 자녀가 여럿 있었다. 구스타프 클림트와 두 동생인 에른스트Ernst Klimt, 1864~1892, 조지George Klimt, 1867~1931가 그러했는데, 특히 중학교 시절부터 교사들로부터 재능을 인정받은 구스타프는 열네 살이 되던 1876년에 친척의 권유로 빈 공예 미술학교Kunstgewerbeschule에 지원해 우수한 성적으로 입학했다. 클림트는 당시 학업을 끝내고 시립 중학교 교사가 되는 것을 목표로 열심히 공부했다고 한다.

역사적으로 보면 클림트가 공부하던 시기의 빈은, 황제 프란츠 요제프 1세가 1858년부터 진행한 링슈트라세 개발 프로젝트로 한창 산업이 발전하고 있었고, 특히 건축과 미술 분야에서 많은 일자리가 생겨나던 때였다.

공예 미술학교의 교과과정은 매우 전통적인 방식을 따르고 있었다. 클림트는 불평 없이 수업을 잘 따라갔다고 한다. 고전적인 조각상을 장식하고 디자인하는 과정을 완전히 마치고 난 뒤에는 살아 있는 인물을 그리는 수업에 참여할 수 있었는데, 이 과정에서

✣ 프랭크 휘트포드, 《클림트》, 시공사, 김숙 옮김, 2002.

클림트의 재능은 더욱 빛을 발했다.

첫 수업에서부터 실력을 인정받아 특별반에 선발돼 다양한 회화 기법을 훈련받았으며, 이탈리아의 르네상스 화가인 티치아노 베첼리노Tiziano Vecellio, 1488/90~1576와 바로크 시대 제일의 화가 중 한 명인 페테르 파울 루벤스Peter Paul Rubens, 1577~1640 등의 작품을 자세히 공부했다. 특히 그 시기의 클림트는 빈 미술관에서 본 17세기 회화의 거장 디에고 벨라스케스Diego Velázquez, 1599~1660의 작품들을 좋아했다고 전해진다.

당시 클림트는 빈에서 독보적인 위치를 차지하고 있던 화가 한스 마카르트Hans Makart, 1840~1884의 작품에도 심취해 있었는데, 학생의 신분이지만 마카르트의 화실 관리자에게 조르고 졸라 마카르트가 작업 중인 그림을 보고 연구할 정도였다고 한다.

예술가 컴퍼니

알을 깨고 나오다

1879년에 클림트는 공예 미술학교 동료인 프란츠 마치Franz Matsch, 1861~1942와 동생 에른스트와 함께 '예술가 컴퍼니'를 만들어 링슈트라세에 건축 중인 건물의 장식 작업을 하면서 명성을 쌓아갔다. 이 시기의 클림트는 전통적인 기법에 따라 그렸으며 주로 우의화(우화, 풍자화)를 그렸다. 마르틴 게를라흐Martin Gerlach, 1846~1918가 편집한 《우의와 상징Allegorien und Embleme》이라는 책에서 클림트의 그림을 확인할 수 있는데 1883년경의 작품인 〈예술에의 경의〉, 〈목가〉, 〈우화〉 등으로 르네상스, 신고전주의, 로코코 양식을 적용한 그림들이다.✣

1886년 마카르트가 사망하자 이들에게 새로운 기회가 다가왔

✣ 마테오 키니, 《클림트: 세기말의 황금빛 관능》, 마로니에북스, 윤옥영 옮김, 2007.

다. 클림트가 속한 예술가 컴퍼니가 '신부르크 극장'의 장식을 맡게 된 것이다. 클림트는 이곳에 〈아폴론과 디오니소스의 제단〉, 〈타오르미나 극장〉, 〈테스피스의 수레〉, 〈런던의 글로브 극장〉 등의 작품을 남겼다. 이 중 〈타오르미나 극장〉은 더 이상 고전적인 모티브에 만족하지 않고 사진처럼 정밀하게 그린 사실적 초상화로서 고전적 특성을 보충하고자 노력한 작품이다.[✣] 이 작품은 애초에 의뢰받았던 역사적인 취향의 그림을 벗어나 형이상학적이면서도 고결하고 신비로운 상징주의를 향하고 있으며, 미래의 차원을 떠올리게 하려는 듯 모든 장면들이 기다림의 환희를 표현하고 있다.[✣✣]

이어서 빈 시는 클림트에게 '구부르크 극장'을 철거하기에 앞서 기록을 위한 대형 회화를 의뢰한다. 클림트는 당시 명사들의 모습을 섬세하고 꼼꼼하게 묘사한 〈옛 부르크 극장의 관객석〉을 완성하여 황제로부터 황금공로 십자훈장을 수여받는다.[✣✣✣] 이러한 성공 이후 클림트는 빈의 수많은 유력 인사로부터 초상화 의뢰를 받게 된다.

1890년 '예술가 컴퍼니'는 마카르트의 사망으로 중단된 미술사 박물관의 입구 기둥 사이를 장식하는 작업을 맡는다. 클림트는 이 기회에 마카르트의 그림에 대해 차분히 분석하면서 대가의 흐

✣ 자비에르 질 네레, 《구스타프 클림트》, 마로니에북스, 최재혁 옮김, 2020.

✣✣ 마테오 키니, 《클림트: 세기말의 황금빛 관능》, 마로니에북스, 윤옥영 옮김, 2007.

✣✣✣ 위의 책.

그림 1 〈**타나그라의 소녀**The Girl from Tanagra〉, 1890, 230×230cm, 빈 미술사 박물관, 프레스코

름을 따르면서도, 차츰 자신만의 생각을 적용하기 시작한다. 미술사 박물관은 열 점의 우의화를 의뢰했는데, 클림트는 당시 빈의 분위기를 나타내는 인물들을 그려 넣음으로써 아카데믹하고 역사적인 그림으로부터 벗어나 새로운 경향을 선보인다. 예를 들면 〈타나그라의 소녀〉 속 소녀의 의상이나 뒤에 배치된 고대 그리스 항아리 암포라를 보면 전통적 형식을 따른 것처럼 보이나, 소녀의 표정이 당시 빈에서 보이던 눈꺼풀이 반쯤 감긴 창부의 분위기를 연

출하고 있어 사회의 반감을 샀다고 한다.✣ 하지만 이것은 앞으로 클림트가 불러올 스캔들에 비하면 작은 징조에 불과했다.

아버지와 동생 에른스트의 죽음

1892년 아버지와 동생 에른스트가 연이어 사망하자 클림트는 그 슬픔으로 힘들어하면서 작품 활동을 진척하는 데도 많은 어려움을 겪었다. 이 시기에는 고전적 아카데미즘의 화풍을 충실히 따르는 같은 그룹원인 프란츠 마치와도 견해 차이로 인해 자주 부딪혔고, 결국 '예술가 컴퍼니'를 해체하게 된다.

이 사건은 클림트의 인생과 작품 세계에 커다란 영향을 미쳤다. 당장 아버지를 대신해 가족의 부양을 책임져야만 했던 그는 동생 에른스트의 미망인 헬레나 플뢰게Helene Flöge, 1871~1936와 질녀까지도 돌봤다. 이러한 과정에서 플뢰게 집안의 사람들과 자주 만나게 되었고, 헬레나의 여동생인 에밀리 플뢰게Emily Flöge, 1874~1952와 인연이 되어 둘은 평생의 동반자적 관계를 맺게 된다. 두 사람은 결혼은 하지 않고 플라토닉한 사랑을 한 것으로 전해진다. 클림트가 임종에 즈음하여, "에밀리를 불러와!"라고 했다는 사실은 그들이 단순히 가벼운 연인 관계가 아니었음을 짐작하게 한다.

✣ 질 네레, 《구스타프 클림트》, 마로니에북스, 최재혁 옮김, 2020.

클림트 사망 후, 클림트의 친자식이라고 주장하고 나섰던 이들만 열네 명이었는데,✣ 이 중 세 명만이 최종적으로 자녀로 인정받았다. 실제로 이 복잡한 혈연 문제를 해결했던 사람이 에밀리였던 것을 보면, 그녀가 클림트의 삶에서 차지하는 위치와 영향력이 대단했다는 것을 알 수 있다. 클림트의 불후의 명작 〈키스〉의 여주인공으로 여겨지는 그녀는 클림트의 영원한 뮤즈로 남았다.

다시 '예술가 컴퍼니' 해체 직후로 돌아가 보자. 해체 이후 클림트의 그림은 스승들로부터 물려받은 아카데미적인 역사주의 기법에서 벗어나 국제적인 모더니즘을 적용하기 시작했다. 클림트는 《우의와 상징》에 들어갈 삽화를 두 번 작업했는데, 첫 번째 작업과 두 번째 작업은 화풍이 상당히 다르다. 초창기 작품은 고전주의적 매너리즘을 따랐고, 두 번째 작업에서는 자율적이고 효과적으로 공간을 구성하는 변화를 주었다.✣✣ 클림트는 아버지와 동생의 죽음을 계기로 삶과 죽음에 대해 진지하게 고찰하게 되면서, 살아 있는 이 순간, 기쁨으로 충만한 순간에도 보이지 않는 죽음이 허공 속에 공존하고 있다는 사실을 마주하게 되었다. 삶과 죽음이 늘 공존한다는 메시지는 1895년 제작된 〈사랑〉에도 표현되어 있으며, 이후 클림트의 많은 작품에서 나타난다.

작품 〈사랑〉 속의 두 연인은 눈을 감고 마주 보고 있다. 아마도 사랑의 키스를 곧 나눌 것 같은 기대감이 엿보인다. 하지만, 조금

✣ Southgate MT. The cover. The Kiss. JAMA. 2008;299(6):611.

✣✣ 마테오 키니, 《클림트: 세기말의 황금빛 관능》, 마로니에북스, 윤옥영 옮김, 2007.

그림 2 〈**사랑**Love〉, 1895, 60×44cm, 빈 미술사 박물관, 캔버스에 유채

눈을 돌려서 그림의 위쪽을 살펴보자. 뿌연 배경 속에 나타난 인물의 형상들은 사랑과는 거리가 먼 '죽음'을 상징하는 표상들로 보

인다. 또한 이 그림에는 클림트가 선배들로부터 학습한 화풍과 다른 지점들이 있다. 아카데미 전통의 고전적 대칭을 따르지 않은 점, 채움과 비움을 비례적으로 배치해 균형과 리듬감을 보여주는 점, 2차원적이면서 전형적인 배경 장식과 인물의 사실적 표현이 대조를 이루는 점, 장식적인 역할을 하는 금색을 분명하게 표현한 점 등이 그러하다.✣

자기만의 예술을 시작하다

❖

1893년 오스트리아 교육부는 당시 새로 건축된 빈 대학교의 '아우라 마그나 대강당'의 천장을 장식할 그림을 프란츠 마치에게 의뢰했다. 마치는 단독 작업이 어렵다고 판단하여 클림트와 공동 작업을 전제로 프로젝트를 맡게 된다. 마치는 중앙의 그림과 〈신학〉을 그리기로 하고, 클림트에게는 〈철학〉, 〈의학〉, 〈법학〉 작업을 부탁했다. 전체적인 주제로 대학은 '어둠에 대한 빛의 승리'를 표현하는 내용을 담아달라고 요청했다.

그러나 클림트가 그림을 공개하자 사회적으로 엄청난 소란이 일었다.

클림트는 기존의 역사와 전통을 존중하는 아카데미즘을 거부

✣ 마테오 키니, 《클림트: 세기말의 황금빛 관능》, 마로니에북스, 윤옥영 옮김, 2007.

하고 자신만의 생각으로 새로운 예술을 선보였다. 당시 빈 사람들은 〈철학〉에서 플라톤의 학당을, 〈의학〉에서 아스클레피오스와 히포크라테스에 대한 경배를, 〈법학〉에서는 법을 통한 정의 구현을 기대했을 것이다. 하지만 클림트는 그런 전통과 거리가 멀었을 뿐 아니라 과도한 누드와 알지 못할 상징으로 가득한 그림을 보여주었고, 〈철학〉은 모호하며, 〈의학〉은 불완전하고, 〈법학〉은 처벌에만 중점을 두고 있는 현실을 꼬집었다.

결국 오스트리아 정부와 빈 보수파들과의 치열한 논쟁에 지친 클림트는 후원자들의 도움을 받아 정부로부터 받은 선불금을 반환하고, 그림에 대한 소유권을 가져온다. 이 과정에서 클림트는 자신을 적극 도와준 후원자 아우구스트 레데러August Lederer, 1857~1936에게 〈철학〉을 선물했고, 빈에서 중요한 예술가 중 한 명이었던 콜로만 모저가 〈의학〉과 〈법학〉을 구매했다.

안타깝게도 이 세 작품은 제2차 세계대전 시기에 안전을 위해 오스트리아 임멘도르프 성에 보관되었다가, 나치가 퇴각하면서 성에 불을 지르는 바람에 1945년 5월 소실되었다. 지금은 습작과 흑백사진을 통해서 그 작품을 가늠할 수 있을 뿐이다. (최근 이탈리아의 한 공방에서 〈의학〉을 재현해 공공장소에 전시하기도 했다.)

의사로서 〈의학〉을 살펴보자면, 이 그림에는 건강과 위생을 주관하며 의학을 상징하는 여신 히기에이아가 등장한다. 하지만 여신의 뒤에 나체로 쌓여 있는 인간군상을 보면 신생아, 영아, 유아, 어린이, 청소년, 성숙한 어른, 임신한 여인, 늙어가는 노인 그리고 해골로, 마치 아무리 의학이 발달해도 인간의 생로병사라는 순환

그림 3 〈**의학** Medicine〉, 1900~1907, 430×300cm, (소실), 캔버스에 유채

을 끊을 수 없음을 명확하게 보여주는 듯하다. 그림 왼쪽에 공중 부양된 여인과 생명의 강을 사이에 둔 이가 손을 맞잡고 있는 모습은 인류에게 비치는 희망으로 보인다. 바로 이 둘의 관계로 태어난 아이가 여인의 발치에 태아막이란 강보에 싸여 있다. 즉, 인간의 영속은 우리의 자녀들을 통해 가능하다는 생물학적 사실을 전하려고 한 듯하다. 이 작품은 이후 클림트가 다루려고 한 '생명의 신비' 연작의 프리뷰로 볼 수 있다.

클림트는 이 세 작품의 지난한 스캔들을 겪으면서 1905년 다음과 같이 선언한다.

"검열은 충분히 겪었다. 이제는 내 뜻대로 할 것이다."

이를 계기로 클림트는 진정 자신만을 위한 예술을 경주하는 삶을 시작했다.

분리파
다시 예술의 시간이 흐르다

앞서 언급한 대학 회화는 클림트가 예술에 시도한 혁신적 변화를 반영한 것이었다. 사실 1890년대 말 빈은 엄청나게 보수적인 분위기가 압도하고 있었다. 역사주의와 아카데미의 흐름을 순순히 따라간 마치 같은 화가들이 주류였고, 이들에 대한 사회적 존중도 있었다. 이 시기에 이미 프랑스 파리에선 인상파 화가들이 등장하여 화단을 선도하고 있었던 걸 보면, 어쨌거나 빈은 매우 보수적이고 변화를 거부하고 있었다. 유명한 작곡가 구스타프 말러의 말을 빌려 그 분위기를 알아보자. "만약 내일 세상의 종말이 온다면 나는 빈으로 갈 것이다. 빈에서는 모든 것이 50년 늦게 이루어지기 때문이다." 시대가 변했음에도 빈의 예술은 과거에 머물러 있었다.

클림트를 비롯한 변화를 추구하는 예술가들은 보수적인 경향이 팽배했던 '오스트리아 예술가 동맹'을 탈퇴하고, 1897년 전통적인 미술에 대항하여 '분리파Sezession(제체시온)'를 공식 출범시켰다. 클림트가 초대회장을 맡았으며 "시대에는 그 시대의 예술을, 예술에게는 자유를"이라는 모토가 세워졌다. 1898년, 처음으로 분리파 전시회가 열리고 대회는 5만 6,000명이나 참석하는 대성공을 거둔다. 클림트는 분리파 전시관인 제체시온 하우스를 완공했고, 분리파 잡지인 《성스러운 봄Ver Sacrum》을 출간했다. 《성스러운 봄》 창간호에 실린 클림트의 판화 〈벌거벗은 진실〉 위에는 쉐퍼Leopold Schaefer, 1784~1862의 인용구가 새겨져 있다.

"진실은 불이다. 진실은 불을 밝히고 불사르는 것이다."

이후 회화로 새롭게 그려진 〈벌거벗은 진실〉의 상단에는 독일의 시인이자 작곡가인 프리드리히 실러Friedrich Schiller, 1759~1805의 글이 인용돼 있다.

"당신의 행동이 대중을 기쁘게 하지 못한다면, 소수를 기쁘게 하는 것으로 만족하라. 여럿을 기쁘게 하는 것은 하나의 악이다."

이 그림을 자세히 뜯어보면, 양쪽 아래에 활짝 피어 있는 민들레꽃이 보인다. 민들레 홀씨가 멀리 날아가는 것처럼 자신들의 사상이 널리 퍼져나가기를 기원하는 소망을 담은 듯하다. 이는 클림트가 구상한 예술세계를 웅변하는 내용으로서, 그 후의 작품 세계에도 다양하게 반영된다.

1902년에 베토벤을 주제로 한 제14회 분리파 전시회에서 클림트는 베토벤을 추모하는 의미로, 제9번 교향곡 '합창'을 모티브로 한 벽화를 전시한다. 이 작품이 바로 〈베토벤 프리즈〉로, 금박을 입히는 먼 과거의 기법을 현대 미술에 재현했다. 이것은 클림트의 황금기 시작을 예고하는 작품이었다. 당시 전시회에서는 구스타프 말러가 편곡한 합창 교향곡 4악장을 빈 필하모닉 오케스트라가 연주했으며, '환희의 송가'가 울려 퍼졌다.✣ 이로써 분리파 전시회는 종합예술의 극치를 펼치며 대성공을 거두었다. 그러나 이후 분리파 내부에서 회화에 비중을 둔 '자연주의Naturalist'파와 종합예술에 비중을 둔 '양식주의Stylist'파 간의 갈등이 발생하며, 클림트를 포함한 양식주의자들이 분리파를 떠나게 된다.

✣ 김정일, 《내 손 안의 미술관, 구스타브 클림트》, 피치플럼, 2019.

영감

황금빛 철학자에게 영향을 준 것들

무엇이 클림트의 화풍에 강렬한 영향을 주었을까? 몇 가지 사례를 살펴보고자 한다.

20세기가 시작되기 바로 전 세기말 1899년, 클림트는 나중에 말러의 부인이 된 알마 쉰들러와 함께 이탈리아 베네치아의 산마르코 성당에 방문한다. 알마의 회고록에 따르면, 성당 안에서 보게 된 황금빛의 찬란하고도 경이로운 모자이크는 클림트에게 강한 인상을 남겼다고 한다.✣ 클림트는 어둠과 빛이 공존하는 산마르코 성당 방문 이후 작품에 금박을 더욱 강렬하게 사용하게 된다.

그 후 1903년, 클림트는 잠시 동로마제국의 두 번째 수도 역할을 했던 이탈리아 라벤나로 여행을 간다. 여행을 별로 즐기지 않

✣ 전원경, 《클림트》, 아르테, 2018.

았던 클림트로서는 이례적인 일이었다. 그곳에서 산비탈레 성당을 방문해 유스티니아누스 1세와 테오도라 황후의 모자이크를 보게 되는데, 이 또한 클림트에게 새로운 영감을 주었다. 즉, 평면과 장식을 이용해 새로운 메시지를 전달할 수 있다고 생각한 것이다. 그동안 클림트는 전통적인 미술작품에서 강조된 '3차원적 사실을 정확하게 2차원 평면에 표현하는 것'에 집중했다면, 그 이후엔 2차원 평면에 표현된 상징을 통해 3차원 아래 숨어 있는 또 다른 진실을 표현하는 한 차원 높은 방법을 찾아냈다. 이런 깨달음 뒤에 그려진 그림들이 1905~1910년 사이의 작품 〈아델레 블로흐 바우어의 초상〉, 〈키스〉, 〈다나에〉, 〈스토클레 프리즈〉 등이다. 또한 이 시기쯤 클림트의 그림에는 다양한 도상들이 나타나게 된다.

1910년대 50대에 들어선 클림트는 삶과 죽음에 대한 보다 심오한 생각을 하기 시작한다. 아마도 어렸을 때부터 사랑하는 가족(아버지, 여동생, 남동생, 어린 아들)을 상실하면서 죽음을 삶 곳곳에서 마주해야 했기 때문으로 추측된다. 이 시기에 클림트는 〈죽음과 삶〉을 완성한다. 그림 속에는 인간이 숙명적으로 겪게 되는 생로병사가 잘 표현되어 있으며, 이러한 점을 인정받아 1911년 로마에서 개최된 세계 미술 전시회에서 1등상을 수상하게 된다. 이 작품은 말년에 클림트 자신도 자신의 대표작이라고 언급한 바 있다.

1918년 제1차 세계대전의 종식을 앞두고, 클림트는 뇌졸중에 걸린다. 차마 그와 영욕을 같이했던 오스트리아 제국의 종식을 보지 않으려 한 듯 갑작스러운 독감에 걸려 1918년 2월 6일 짧은 생을 마친다. 사망 후 클림트의 화실에는 〈부채를 든 여인〉과 미완성

그림 4 〈**아델레 블로흐바우어의 초상**Portrait of Adele Bloch-Bauer I〉, 1907, 138×138cm, 뉴욕 노이에 갤러리, 캔버스에 유채

작품인 〈신부〉가 이젤에 걸려 있었다고 한다.[✣]

〈부채를 든 여인〉은 최근 소더비 경매에 나와 8,530만 파운드(약 1,413억 원)에 낙찰되어 경매에 나온 클림트 작품 중 가장 비싸게 팔린 작품이 되었다.[✣✣] 이 그림에서 클림트의 서명은 찾을 수 없으나, 거의 완성된 단계로 보인다. 어깨가 드러난 채 부채를 쥔 여인이 동양적인 무늬를 배경으로 서 있다. 배경을 살펴보면 불사조, 학, 연꽃 등이 보인다. 불사조는 영원한 생명을 상징한다.

그는 끝없이 혁신을 꿈꾸는 창의적 예술가였고, 수레바퀴 같은 인생을 아등바등 살아가는 인간들에게 삶의 진실을 보여주고자 했던 철학자였다.

✣ 질 네레, 《구스타프 클림트》, 마로니에북스, 최재혁 옮김, 2020.

✣✣ https://www.bbc.com/culture/article/20230621-klimts-lady-with-a-fan-the-painting-thats-valued-at-65m

그림 5 〈**부채를 든 여인**Lady With a Fan〉, 1917~1918, 100.2×100.2cm, 개인소장, 캔버스에 유채

클림트와 눈높이를 맞춰보자

1. 고대 역사 속의 인간 발생 이론

이 챕터의 제목을 보고 독자들은 고개를 갸우뚱했을 것이다. '클림트의 그림과 발생학이 어떤 관계가 있다는 거지?', '발생학은 또 뭐지?'

발생학은 우리가 어떻게 탄생했는지를 과학적으로 밝히는 학문으로서, 사실 클림트는 모더니즘 정신에 따라 당시 과학자들이 밝혀낸 '의학적 사실에 근거해' 작품을 구성했다. 그럼, 이 연결의 당위성을 확인하기 위해 인간 발생 이론이 진화해온 역사적 과정을 먼저 살펴보자.

우리의 오랜 선조들은 인간 발생의 기원을 어떻게 기록하고 있을까? 인류가 이 질문에 답해가는 과정을 살펴보기 전에 인간 발생에 대한 가설을 간단하게 알아보고, 각 시대의 사람들이 어떻게 생각했는지 알아보고자 한다.

인간 발생의 가설

전성설 Preformationism

인간의 생식세포에 이미 완성된, 아주 작게 축소된 인간이 존재하는데 이것이 자라서 인간이 된다는 주장이다. 인간 성체의 각 부분은 정자나 난자 속에 이미 결정되어 있어 완성된 형태로 존재한다. 요즘의 개념으로 설명한다면 압축된 축소 인간이 정자 또는 난자 내에 존재하고 있다가, 마우스를 클릭해 압축을 풀어 원래 파일을 생성하듯, 어떤 생명 탄생의 신호를 전달해주면 축소 인간이 확장되어 온전한 성체로 발달한다는 개념이다. 전성설은 다시 축소 인간이 정자 내에 있다고 생각하는 정원설Spermism과 난자 내에 있다고 생각하는 난원설Ovism로 나뉜다.

후성설 Epigenesis

배아가 미분화된 상태에서 점진적으로 성장하여 단계별로 성체의 형태를 갖추며 발달해간다는 이론이다. 인간 몸의 각 부분과 조직과 기관은 처음부터 정해져 있는 것이 아니라 수정란으로부터 발달·분화하여 발생하고 있는 동안에 점차 만들어진다. 현대

에 통용되는 이론이다.

고대의 발생학

여러 발생학 교과서를 찾아보면 인간 발생과 관련된 가장 오래된 서술은 이집트에서 발견된다. 기원전 3000년경 고대 이집트 사람들은 둥지에서 꺼낸 알을 인공적으로 부화시키는 방법을 알고 있었다. 또한 아메노피스 4세Amenophis IV, Akhnaton 시절의 기록을 보면 태양신Aton이 남자는 씨Seed를 만들게 하고, 여자는 배아Germ를 만들게 한다고 쓰여 있다. 이는 아이가 태어나는 데 남자와 여자의 역할이 있음을 말하고 있다. 재미있는 점은 고대 이집트 사람들이 출생 시 태반을 통해 영혼이 아이들에게 전달된다고 믿었다✣는 것이다.

이후의 기록은 기원전 1416년경 인도의 힌두교 경전인 《가르바 우파니사드Garbha Upanishad》에서 찾을 수 있다. 여기에는 인간의 발생이 상당히 구체적으로 기술되어 있다. 이에 따르면 혈액과 정액Semen이 결합하여 배아가 발생한다. 수태 기간 동안 성교 후에

✣ Needham, Joseph, Chemical embryology, New York: The MacMillan Co, 1931.

이 결합체는 배아가 되고, 7일이 지나면 공 모양의 덩어리가 되는데 1개월 뒤에는 단단한 덩어리가 되며, 2개월 뒤에는 머리가, 3개월 뒤에는 팔다리 부분이 나타난다고 한다.✢ 기원전 600년경에 활동했던 인도의 의사 수슈루타는 이후의 발생 과정을 설명했는데, 뼈같이 딱딱한 부분은 아버지로부터, 부드러운 부분은 어머니로부터 유래한다고 했다.

의학의 아버지 히포크라테스Hippocrates, 460~370 B.C.는 인간의 발생을 전성설의 관점에서 기술하였다. 사람의 발생을 이해하려면 스무 개 이상의 계란을 두 마리 이상의 어미 닭이 알을 품는 동안 매일 하나씩 깨어 살펴봐야 한다고 했다. 닭의 발생에 견주어 사람이 어떻게 발생하는지를 유추하는 과학적 접근을 보여준 것이다.✢✢ 히포크라테스는 남자와 여자로부터 유래한 두 종류의 정액이 합해지면서 인간 발생이 시작된다고 주장했다. 태아는 어머니로부터 물기와 호흡을 받아서 성장하고, 태반은 아이가 어머니로부터 영양분을 공급받는 곳이라고 설명했다.

아리스토텔레스Aristotle, 384~322 B.C.는 후성설을 지지하는 발생학자였다. 닭 등 여러 동물을 관찰한 결과를 정리해 《동물의 발생De Generatione Animalium》이라는 책을 기원전 350년에 발표했다. 이 책

✢ 키스 L. 무어, 《인체발생학》, 범문에듀케이션, 대한체질인류학회 옮김, 2016.

✢✢ 위의 책.

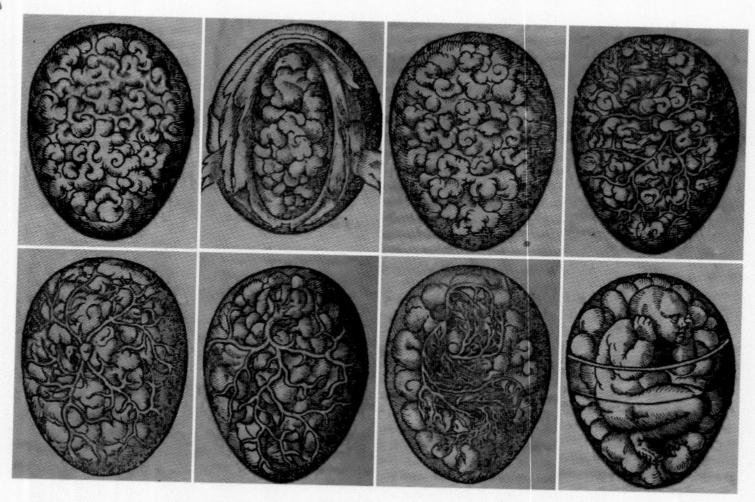

그림 6 루에페가 아리스토텔레스의 이론에 따라 인간 발생 과정으로서의 후성설을 설명한 그림✣

에서 곤충부터 동물에 이르기까지 다양한 생물의 발생 연구를 진행하였다. 특히 암탉이 알을 품어 병아리가 되는 과정을 살펴보다가, 수탉의 접근이 완전히 차단된 경우에는 배아가 생기지 않는다는 사실을 밝혀내 생명의 발생에 암탉과 수탉이 모두 관여한다는 사실을 밝혔다. 수정 과정에 대해서는 정액이 여자의 월경혈Female Catamenia에 영향을 주어 무형태의 덩어리에서 배아Embyro✣✣ 형태로 발생이 진행된다고 보았다.

✣ Jacob Rueff, 《De Conceptu et Generatione Hominis》, 1554 에서 발췌함.

✣✣ 수정 후 8주까지의 개체이다.

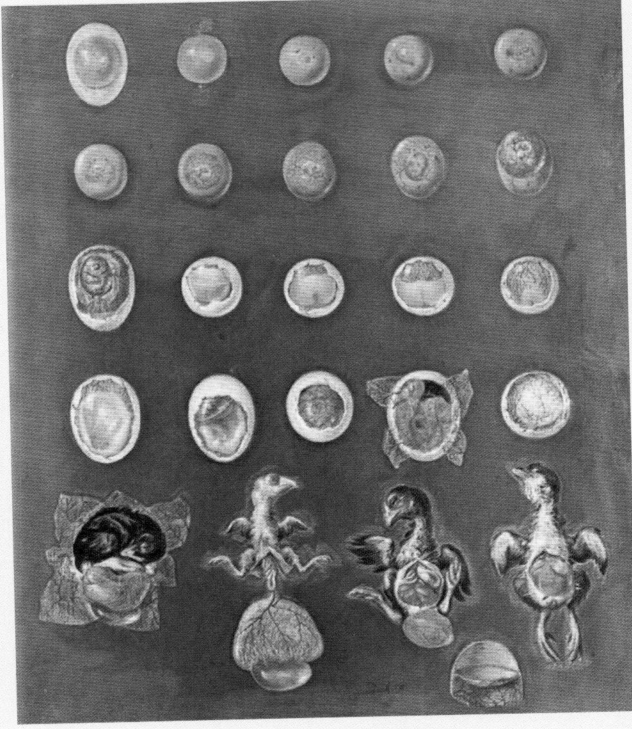

그림 7 히포크라테스의 발생학 실험 제안에 따른 계란의 부화 과정✣

아리스토텔레스는 심장, 콩팥과 같은 장기 발생에 있어 중요한 이론을 주장하는데, "배아가 점점 발달하면서 여러 장기와 기관이

✣ Jan van Rymsdyk, 〈Ova of the hen〉, 1758-9, pastel on parchmen, Royal Collage of Surgeons of England.

만들어진다"고 믿는 후성설적 개념을 도입하였다. 당시 미신에 차 있던 사람들의 생각을 과학적 관찰로 전환시켰던 상징적인 학자 아리스토텔레스를 많은 발생학자들은 '발생학의 창시자'로 불렀다.

16세기 의사인 야곱 루에페Jacob Rueff, 1500~1558가 《인간의 임신과 발생De Conceptu Et Generatione Hominis》이란 책에 아리스토텔레스의 주장에 따라 후성설을 설명하는 그림을 제시했다(그림 6). 이후 로마 시대의 유명한 의사 갈레노스Galen, 129~216는 히포크라테스와 같이 남녀로부터 유래한 정액이 합해져서 새로운 생명이 창조된다고 다시 주장했다. 아리스토텔레스는 밀납에 도장을 찍듯이 형상-질료론에 따라 남자의 정액이 생리혈에 영향을 미쳐 무형태의 덩어리에서 발생이 시작한다고 보았다. 이 관점에서 상대적으로 남자는 능동적인 역할을, 여자는 수동적인 역할을 한다고 주장했다. 반면 갈레노스는 남자와 여자로부터 유래한 각각의 정액이 모두 능동적으로 참여한다고 주장했고, 탯줄이 태아의 호흡에 필요하다고 기술했다.✣

유대인 의사인 예후디Samuel-el-Yehudi, ?~200는 유명한 유대 경전 《탈무드Thalmud》에 "아버지로부터 하얀 씨앗을 받고, 어머니로부

✣ Chung HS. Aristotle vs Galen: Medieval Reception of Ancient Embryology-Medieval Medicine and the 13th Century Controversy over Plurality/Unicity of Substantial Form. Uisahak(의사학). 2019 Apr;28(1):239-290.

터 빨강 씨앗을 받아서 우리 신체를 구성하는 조직과 기관이 만들어진다"고 기술했다. 이는 예를 들면 뼈, 힘줄 등은 아버지로부터, 혈액, 피부 등은 어머니로부터 유래된다는 흥미로운 내용이다.✣

2. 중세, 근대의 인간 발생 이론

중세로 들어오면서 유럽의 학문 발달이 정체된 동안, 이슬람 문화권의 《코란Quran》에 실린 인간 발생에 관련된 내용은 흥미롭다. 사람의 존재가 작은 방울Small Drop인 누트파Nutfa로부터 창조된다는 기록인데, 여기서 생긴 유기체는 형성된 후로부터 6일 뒤에 씨앗처럼 자궁 안에 자리한다고 한다. 현재의 발생 교과서에 수정 후 6일 만에 주머니배가 자궁에 착상을 시작한다고 기술된 것으로 판단하면, 중세 이슬람인들은 인간 발생에 대해 많은 이해를 하고 있던 것으로 보인다.✣✣

르네상스 시대로 들어오면서, 유럽에서도 발생에 대한 활발한 연구가 시작되었다. '혈액 순환 이론'으로 유명한 윌리엄 하비William Harvey, 1578~1657는 이탈리아 파두아Padua 대학에 유학했는데,

✣ 키스 L. 무어,《인체발생학》, 범문에듀케이션, 대한체질인류학회 옮김, 2016.

✣✣ 위의 책.

당시 유명한 발생학자였던 요한 파브리시우스Johan Fabricius, 1745~1808의 영향을 받아 동물의 발생에 관심을 갖고 연구했다. 하비 박사는 역사적으로 아리스토텔레스가 주장한 후성설이 타당하다고 생각하고 이를 실험적으로 증명하기 위한 연구를 시작했다.

낮은 배율의 확대경을 이용해 짝짓기를 끝낸 사슴의 질, 자궁 등 생식기관을 관찰했는데 정액이나 배아의 흔적을 찾아볼 수 없었다. 하비는 이러한 실험 결과로부터 교미 후에 물질이 아닌 어떤 정령 같은 것이 관여한다고 생각했고, '정자가 자궁에 작용하여 난자를 비옥하게 하고 배아(알)를 낳을 수 있게 함으로써 발생이 진행된다'고 주장했다. 특히 하비는 난소를 확인했음에도 불구하고, 단순히 작은 분비샘 정도로 생각했던 것 같다.✣

그 후 하비는 1651년《동물의 발생De Generatione Animalium》을 출판했는데, 이 책의 첫 부분에 제시된 그림이 많은 오해를 불러왔다.

제우스Zeus가 알 모양의 단지 뚜껑을 열자 많은 생물들이 튀어나오고, 단지의 겉에 "모든 것은 알로부터Ex Ovo Omnia"라고 쓰여 있는 그림이었다. "모든 것은 알로부터"라는 말을 가볍게 들으면 마치 하비가 난자 속에 생명체의 축소체가 들어 있다가 성체로 성장하는 난원설을 지지하는 것으로 오해하기 쉽지만, 사실 그의 책에

✣ Bodemer CW. The microscope in early embryological investigation. Gynecol Invest. 1973;4(3):188-209. doi: 10.1159/000301723. PMID: 4593975.

그림 8 《동물의 발생》의 속표지에 있는 그림으로, 제우스가 들고 있는 단지에서 인간을 비롯한 여러 동물들이 튀어 나오고 있다.

는 이에 대한 특별한 기술이 없다. 저자의 의도를 추측건대, 당시 대두되었던 하등생물체가 진흙 등에서 어버이가 없이도 발생한다는 자연발생설에 대한 논박으로 위 그림을 사용한 것으로 보인다. 하지만 과학적인 관점에서 하비는 장기들이 차근차근 발생한다는 후성설을 지지하였다.[✣]

'자궁이 난자를 분비하는 장소'라는 하비의 주장은 얼마 가지 않아 반박당했다. 1672년 네덜란드의 의사이자 해부학자인 레니에 드 그라프Regnier de Graff, 1641~1673가 교미 후 3~4일 되는 토끼의 난

✣ Bodemer CW. The microscope in early embryological investigation. Gynecol Invest. 1973;4(3):188-209. doi: 10.1159/000301723. PMID: 4593975.

관과 자궁에서 알(난자)의 존재를 발견해 보고했고, 난소는 난자가 생성되며 성숙해가는 기관임을 밝혀냈다. 다만, 후배 과학자들의 분석에 따르면 그라프는 성숙난포를 난자로 오인하였다. 아래 그림 9의 노란색으로 표시된 원이 난자이고, 빨간 원 또는 파란 원 속에 있는 구조는 난포이며, 특히 파란 원으로 표시된 큰 성숙난포가 '그라프난포'이다. 그래도 그의 공로를 인정하여 지금도 성숙난포를 그라프난포라고 부른다. 그라프는 레벤후크와 동시대에 활동하여 현미경의 존재를 알고 있었지만, 현미경을 활용한 연구는 하지 않았기 때문에 이런 실수를 한 듯하다.

그 후, 1674년 현미경 전문가인 안토니 반 레벤후크Antonie van

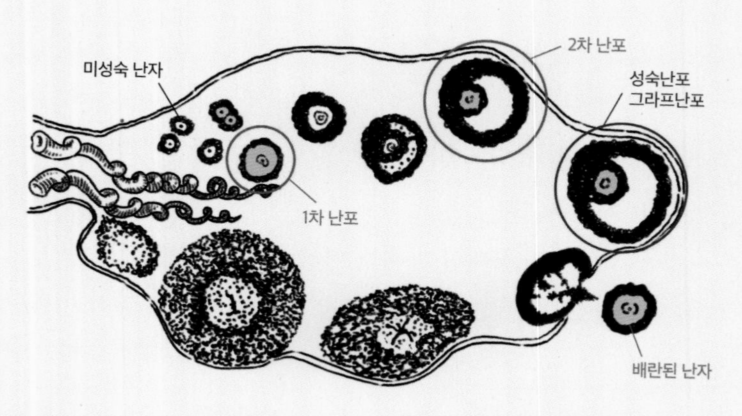

그림 9 난자의 일생. 난소의 단면에서 보이는 난자의 성장과 배란. 큰 파란 원에 들어 있는 구조가 성숙난포이고, 그 안의 노란 부분이 난자이다.

Leeuwenhoek, 1632~1723는 자작 현미경을 이용해 사람의 정액을 관찰하고 정자의 그림을 그린다(그림 10A). 레벤후크는 연구 초기에 정자를 인공물이나 기생충이 아닌 '정액 속에 내재된 살아 있는 존재'로 추론하였다. 그는 이를 근거로 사람, 개, 말, 새, 물고기, 양서류, 연체동물, 곤충들의 정자를 관찰했으며, 정자가 생식 과정에 있어서 수컷이 갖는 공통적인 요소라고 결론지었다. 또한 1679년 토끼의 고환과 정관을 해부해 정자가 존재함을 확인함으로써 고환이 정자를 배출한다고 추론하였고, 150년이 지난 1841년에 스위스의 동물학자이자 생리학자인 알베르트 폰 쾰리커Albert von Kölliker, 1817~1905가 이를 증명했다.

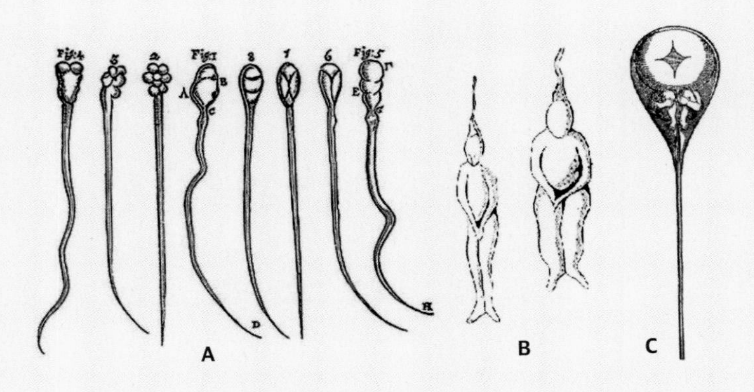

그림 10 A: 레벤후크가 그린 정자 그림(1647), B: 달렌파티우스(가명)가 그린 정자의 그림(1678), C: 하르트수커가 그린, 호문쿨루스가 정자의 머리에 들어 있는 그림(1694)

레벤후크의 또 다른 업적은, 1685년에 교미가 끝난 개와 토끼의 자궁 및 나팔관에서 살아 있는 정자를 관찰하는 데 성공해 수정이 진행되는 루트를 제시했다는 것이다. 난소(혹은 난자)에서 정자를 관찰하진 못해, 이를 근거로 정자가 새로운 생명을 만드는 유일한 존재이며 자궁이나 난자는 자양분을 제공하는 존재라고 해석하였다.

1694년에는 레벤후크와 동시대를 살았던 니콜라스 하르트수커Nicolas Hartsoeker, 1656~1725가 호문쿨루스Homunclus✣가 들어간 정자 그림을 그렸는데(그림 10B, 10C), 이 그림은 후에 전성설-정원설의 아이콘이 되었다.

이러한 발견 이후 정원설과 난원설을 지지하는 연구 간의 불꽃 튀는 논쟁이 시작되었다. 실제로 1670년대에 정자가 발견되었으나, 정자가 수정 과정에 관여한다는 것을 자세히 알게 되기까지는 약 150년의 시간이 더 필요했다. 안타깝게도 그사이 정자는 "혹시 기생충이 아닐까?" 하는 오해를 사기까지 했었다.

마르첼로 말피기Marcello Malphighi, 1628~1694라는 이름을 생물 시간에 들어본 기억이 있을지도 모르겠다. 요즘은 신체 등에 명칭을 붙일 때 가능하면 사람의 이름을 쓰는 걸 지양하지만, 17세기에는

✣ 라틴어로 '작은 사람'을 뜻한다.

과학자 자신의 이름을 붙이곤 했었다. 현미경을 이용해 인체 구조를 연구한 조직학의 창시자인 말피기가 콩팥에 있는 콩팥토리 Glomeurlus[✣]를 발견해 '말피기소체'라고 이름 붙였다.

말피기는 하비의 영향을 받아 닭의 배아 발생을 연구하였다. 낳은 지 12시간이 채 안 된 계란부터 순차적으로 관찰해, 계란에서 닭의 구조들이 관찰됨을 확인했다. 이로써 말피기는 모든 생물이 알에서 기원한다는 전성설을 주장했으며, 난원설도 지지한다. 그러나 말피기는 닭의 교미 과정부터 관찰하지 않고 바로 계란을 이용해 연구함으로써 '계란의 수정 여부'에 대한 정확한 정보를 빠뜨렸다는 오류가 있었다.[✣✣]

이어서 1759년에 독일의 발생학자인 카스파르 프리드리히 볼프Casper Friedrich Wolff, 1733~1794가 교미 여부부터 확인한 계란을 분석함으로써, 기존 난원설의 준거가 되었던, 말피기가 보고한 배아 구조를 발견할 수 없음을 확인하였다. 말피기가 좀 더 주의 깊은 실험을 했더라면 후배 과학자들에게 혼란을 주지 않았을 것이다. 볼프는 배엽층에서 병아리가 발생한다는 후성설을 주장하였으며, 비뇨기

✣ '사구체'라고도 부르며, 콩팥 내 혈관이 실타래처럼 뭉쳐 있는 구조로 혈액을 걸러 소변을 만드는 데 관여한다.

✣✣ De Felici M, Siracusa G. The rise of embryology in Italy: from the Renaissance to the early 20th century. Int J Dev Biol. 2000;44(6):515-21. PMID: 11061413.

와 생식기 발생에 대한 중요한 연구 결과를 업적으로 남겼다.✣

스팔란차니의 실험과 해석 오류

이탈리아 스칸디아노Scandiano에 가면 돋보기를 들고 개구리를 관찰하고 있는 라차로 스팔란차니Lazaro Spallanzani, 1729~1799의 동상을 볼 수 있는데, 이는 스팔란차니의 개구리 연구가 매우 역사적인 의미가 있음을 보여준다. 스팔란차니는 1770년대에 개구리를 이용한 체외 수정 실험을 진행했다.

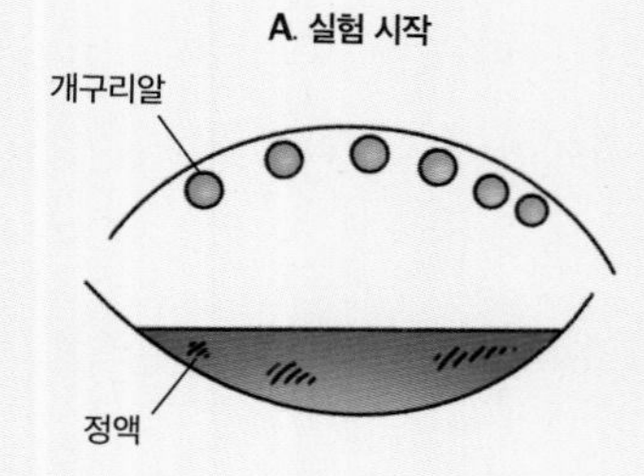

B. 실험 후
(유리에 붙어 있는 알은 올챙이가 되지 않는다.)

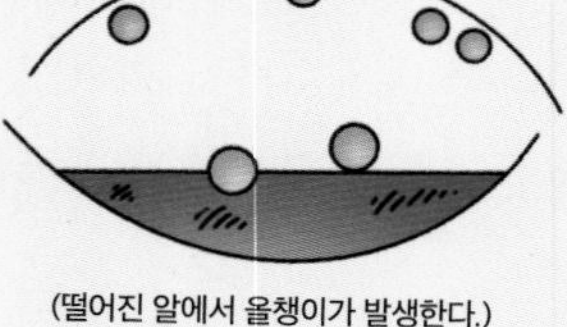

(떨어진 알에서 올챙이가 발생한다.)

그림 11 스팔란차니의 개구리 체외 수정 실험

✣ 송창호, 《(인물로 보는) 해부학의 역사》, 정석출판, 2015.

그림 11처럼 아주 작은 유리 용기(시계유리) 두 개를 이용해, 아래쪽에는 정액을 놓았고, 위쪽에는 개구리알을 뒤집어 놓았다. 알의 끈적이는 성질로 인해 그림과 같이 알들이 위쪽 유리에 매달리게 된다(그림 11A). 시간이 경과하면서 떨어진 알은 개구리로 발생이 진행되었고, 계속 매달려 있는 알에는 아무 일도 일어나지 않았다. 이 실험의 결과로, 비물질적 정령에 의해 수정이 일어난다는 주장은 기각되었으며, 개구리알은 정액에 접촉되어야 비로소 수정 및 발생이 진행된다는 것이 증명되었다.✣

스팔란차니는 여기에 이어서 한 가지 또 다른 기발한 실험을 한다. 바로 수컷 개구리에게 '개구리 콘돔'과 다름없는 특수 제작한 바지를 입혀 개구리알에 정액이 도달하지 못하도록 한 것이다(그림 12).✣✣ 마찬가지로 정액이 알에 닿지 않으니 올챙이가 발생하지 않았다. 그리고 바지 속에 묻어 있던 정액을 개구리알에 투입하여 올챙이가 발생한다는 것을 확인하였다. 결과적으로 정액이 개구리알에 접촉함으로써 발생이 유발된다는 결론이 도출됐다.✣✣✣

✣ Farley, John. Gametes & spores. Maryland: Johns Hopkins University Press, 1982.

✣✣ By permission of Bibliothèque centrale du Muséum national d'histoire naturelle, Paris, 2009.

✣✣✣ 루시 쿡, 《오해의 동물원》, 곰출판, 조은영 옮김, 2018.

그림 12 엘렌 뒤무스티에 드 마실리가 그린 짝짓기 개구리 그림. 수컷은 어깨끈이 달린 왁스 칠한 호박단 바지를 입고 있다.

그렇다면 정액 중 어떤 요인이 발생을 유도하는 것일까? 스팔란차니는 이 질문에 답하기 위해 거름종이를 이용한 실험을 진행한다. 필터가 설치되면 올챙이가 발생하지 않았다. 다시 이 필터를 액체에 녹여 알에 접촉하면 올챙이가 발생했다. 실험자로서 상식적인 판단을 해보자! 정액은 정자 및 생식샘 등이 분비하는 분비물로 구성되어 있다. 분비물은 필터를 통과하지만 고형성분인 정자는 거름종이를 통과하지 못한다. 그러니 정자가 올챙이 발생에 중요한 요소라고 결론을 낼 수 있다. 하지만 스팔란차니는 난원설

을 강력하게 지지했고, 특히 정자를 기생충으로 생각했다. 따라서 그에게 수정을 유발하는 인자는 정자가 아니라 정액 속에 들어 있는 '어떤 요소'여야 했다.

즉 스팔란차니의 실험은, 연구자들에게 선입견의 위험성을 경각시킨다. 역사에 길이 남을 멋진 실험을 하고도 그 실험의 가치를 인정받기까지는 1824년 스위스의 생리학자 장루이 프레보스트Jean-Louis Prévost, 1790~1850와 프랑스의 화학자 장바티스트 뒤마Jean-Baptiste Dumas, 1800~1884의 정확한 반복 실험이 필요했다.[✣] 이들은 운동성이 있는 정자가 수정 과정에서 중요한 역할을 한다는 걸 실험으로 증명해, 기생충 취급받던 정자를 생명의 연속성을 책임지는 중요한 존재로 부각시켰다. 동시에 정자가 난자를 뚫고 들어가며 수정을 완성할 것이라는 가설을 제시했다. 그러나 이 가설은 당시의 과학자들에게 받아들여지지 않았다.

다음의 글에서는, 17세기 이후 현미경의 성능이 개선되고 실험기법이 발달하면서 정자와 난자가 하나의 수정란을 이루고 완전한 배아로 발달해가기까지의 과정을 학자들이 어떻게 증명해냈는지 알아보자.

✣ Lonergan P. Review: Historical and futuristic developments in bovine semen technology. Animal. 2018 Jun;12(s1):s4-s18. doi: 10.1017/S175173111800071X. Epub 2018 Apr 12. PMID: 29642968.

과학의 시대

현미경의 발달

17세기 중반 과학의 발달은 인류에게 새로운 눈을 갖게 해주었다. 망원경의 발명은 더 멀리 있는 세상과 우주로, 현미경의 발명은 더 미세한 소우주의 세계로 인간을 인도했다. 특히 현미경은 식물의 세계, 동물의 세계만이 생물 구성의 전부라고 믿었던 당시의 인류에게 '미생물의 세계'를 깨우쳐주었다. 또한 그동안 맨눈으로 사물을 관찰하던 연구자들에게 세포 수준에서 일어나는 이벤트를 포착할 수 있는 획기적인 도구가 되었다. 현미경이 개발되면서 본격적으로 발생학이 발전하였다. 현미경을 사용해서 정자와 난자의 미세 구조를 관찰할 수 있게 되었기 때문이다.

초창기 현미경과 발생 연구

최초의 현미경은 1590년대에 네덜란드의 안경사였던 한스 얀센Hans Janssen, 생몰년 미상과 자카리아스 얀센Zacharias Janssen, 1585~1632 부자가 만들었다고 알려져 있다. 이는 복합 현미경으로, 밀어서 접을 수 있는 세 개의 황동 관과 두 개의 렌즈로 구성됐다. 현미경의 크기는 직경이 1인치(약 2.5센티미터), 길이가 18인치였고, 배율은 일반 돋보기보다 좋은 정도로 접었을 때는 3배, 펼쳤을 때는 9~10배 정도였다. 주로 곤충, 특히 벼룩을 관찰하는 데 사용했다고 한다.

당시의 렌즈 연마 기술이 현대처럼 발달하지 않았기 때문에 렌즈를 겹쳐서 볼수록 대상물의 이미지는 흐릿하게 보였다. 렌즈를 통해 물체의 상을 맺히게 할 때, 렌즈가 완벽하지 않아 초점에 차이가 나타나는 구면수차✣와 가시광선 파장에 의한 색 번짐 현상인 색수차✣✣를 제거하지 못했기 때문에 고배율 관찰은 어려웠다. 따라서 얀센 부자의 현미경이 실험실에서 사용되었다는 기록을 찾아보기 어렵다.

초창기 현미경 개발에 있어 획기적인 발전을 이룬 사람은 1600년대 후반 광학 현미경의 아버지로 불리는 아마추어 과학자 출신의

✣ 렌즈의 서로 다른 부분을 통과하는 빛들이 광축선상에서 다른 점에 상을 형성하는 현상이다.

✣✣ 우리가 사용하는 가시광선의 내부는 무지개 같은 여러 파장들로 구성되는데, 이들이 렌즈를 통과할 때 각각 다른 비율로 굴절되어 생기는 빛 번짐 현상을 일컫는다.

안토니 반 레벤후크이다. 그 당시 발명가이자 포목상이었던 레벤후크는 직물을 더 잘 관찰하기 위해 자신만의 현미경을 개발했다. 정식 고등교육을 받지 않았지만 레벤후크는 자신이 개발한 연마법으로 유리구슬을 갈아 작은 렌즈 하나를 만들었다. 그리고 이를 사용한 단순 현미경을 고안했는데, 분해능(해상력)이 뛰어나 배율이 273배나 되었다. 이는 얀센의 복합 현미경과는 비교가 되지 않을 정도로 월등히 높은 배율의 현미경이었다.

레벤후크의 현미경은 단안렌즈를 사용하는 단순한 현미경으로, 당시 초기 단계의 복합 현미경보다 상대적으로 상의 왜곡이 적어 사물을 더 세밀하게 관찰할 수 있었다. 그는 자신이 개발한 현미경으로 관찰한 효모, 적혈구, 침, 세균이나 원생동물, 사람의 정자 등에 관한 약 116편의 보고서를 영국왕립학회지Philosophical Transactions에 제출하여 미생물학과 발생학 발전에 기여하였다. 특히 정자를 발견한 것은 매우 중요한 발견 중의 하나이다. 레벤후크는 자신의 관찰 결과를 정리해《현미경으로 밝혀낸 자연의 비밀Arcana Naturae Detecta》을 총 네 권으로 발간하였다.

영국의 의사이며 해부학자인 너대니얼 하이모어Nathaniel Highmore, 1613~1685는 윌리엄 하비와 비슷한 시기에 발생학에 관해 연구한 학자이다. 그는 발생 연구에 처음으로 현미경을 이용하여 〈발생의 역사The History of Generation〉라는 논문을 발표하였다. 그는 이 논문에서 닭의 발생 중에 나타나는 투명구역Clear Zone✣ 등 다양한 구조를

✣ 닭의 배아 발생 18~20시간부터 나타나는 배아 주변부를 감싸는 투명한 지역으로, 배아의 극성을 설정하고 창자배 형성에 기여한다.

기술했다. 더불어 발생 48시간에 불과한 짧은 시간에 닭의 배아에서 심장이 뛰는 것을 현미경으로 확인함으로써, 전성설을 지지하게 되었다. 이미 존재하고 있던 작은 심장이 커진 것으로 생각했기 때문이다.✣

포유류 난자의 발견과 후성설의 확립

레벤후크가 정자를 발견한 지 150년이 지난 1827년, 빈 등에서 의학을 공부한 독일의 동물 발생학자 카를 에른스트 폰 베어Karl Ernst Von Baer, 1792~1876가 새끼를 밴 개의 난소를 단순 현미경으로 관찰하던 중, 난포✣✣에서 포유류의 난모세포✣✣✣를 발견했다. 19세기 초 과학의 발달을 고려해보았을 때 포유류의 난자를 관찰하는 것은 쉽지 않다. 정자와 달리 난소는 체내에 꼭꼭 숨어 있고, 난소의 조직을 잘 관찰하지 않으면 확인하기 어렵기 때문이다. (사실 여자의 신체에서 남자의 고환에 해당하는 기관이 난소라는 것을 해부학자 레니에 드 그라프가 지목하는 데도 상당한 시간이 걸렸다.)

그림 13은 베어의 역사적인 논문에 들어 있는 난소를 관찰한

✣ Bodemer CW. The microscope in early embryological investigation. Gynecol Invest. 1973;4(3):188-209. doi: 10.1159/000301723. PMID: 4593975.

✣✣ 난소 조직에 있는 주머니 모양의 세포집합체로 난세포를 둘러싸고 있다.

✣✣✣ 난자의 근원이 되는 세포.

그림이다.✣ 위쪽의 아라비아 숫자 1~7로 표시된 그림은 맨눈으로 관찰한 크기의 난자이고, 로마자 I~VII 등으로 표시된 것은 10배로 확대한 그림, 그리고 로마자 뒤에 별표를 붙여 V*과 같이 표기된 것은 같은 구조물을 30배로 확대한 그림이다.

그림은 난소에서 분리한 미성숙 난자(1), 성숙한 난자(2) 그리고 나팔관에서 분리한 난자(3)의 실제 크기를 가리킨다(독자의 편의를 위해 빨간색 O로 표시하였다). 10배로 관찰된 것은 I, II, III으로, 30배로 관찰된 것은 I*, II*, III*으로 표시되어 있다. 베어는 4번 그림을 자궁에서 관찰된 난자로 표기하였는데, 벌써 수정 후 뽕나무배(상실배)까지 발달된 상태로 보인다. 5번은 자궁에서 관찰된 것으로 주머니배 시기로 보인다. 7번은 발생 3주 된 배아의 모습이며, 10배로 확대하면 VII(빨간색 E)와 같이 보인다. 또한 성숙난포(그라프난포)의 그림(빨간색 G)도 보이는데, 실제 난자의 크기(빨간색 O)와 비교해보면, 현미경 없이 연구한 그라프가 성숙난포를 난자라고 착각했던 이유를 이해할 수 있다. 실제로 성숙난포에서 빨간색 화살표로 표시된 부분이 난자이다.

베어는 처음으로 난자를 발견한 당시의 상황을 다음과 같이 회고했다.

✣ Von Baer KE. De Ovi Mammalium et Hominis Genesi (On the Genesis of the Ovum of Mammals and of Man). Leipzig: Leopold Voss, 1827.

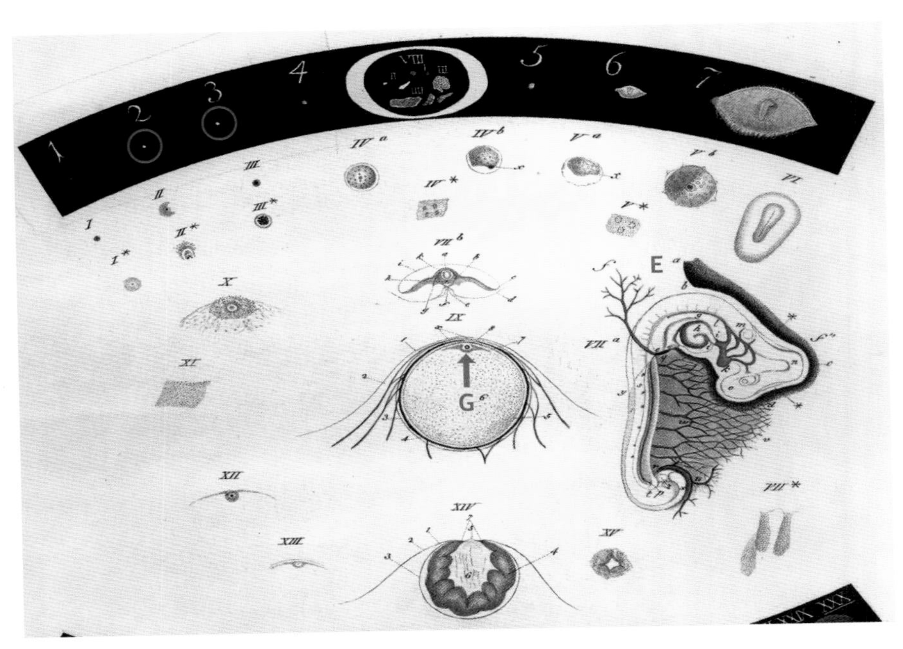

그림 13 베어의 난소 발견에 관한 논문 도판. 작은 구조를 잘 보이게 하려고 검은색 바탕에 그림을 그렸다. 위쪽 검은색 배경의 그림은 개의 난소와 발생 과정을 나타내고, 밝은색 배경의 그림은 10배 및 30배 확대한 모습이다. 추가적인 설명 그림으로 성숙난포(G), 황체, 배아(E) 같은 구조를 표현했다.

내가 현미경 아래에서 난소를 관찰하고 있을 때 작은 주머니(난포) 안의 작은 노란 점을 발견했다. 그리고 작은 점들이 난소의 여러 곳에서 발견된 것을 확인했다. 얼마나 신기한 일인가? 이게 무엇일까? 생각하며, 나는 이 작은 주머니 중 하나를 열어 물이 채워진 시계 유리에 칼로 조심스럽게 들어 올려 현미경 아래에 놓았다. 나는 번개를 맞은 것처럼 뒤로 물러났는데, 노른자위의 작고 잘 발달된 노란색 구체를 분명히 보았기 때문이다. (중략) 나는 포유류 난자의 내용물이 새의 알의 노른자와 그렇게 비슷하게 보일 수 있다고는 생각하지 못했다.✣

이 위대한 발견은 1827년 4월 말과 5월 초에 베어의 실험실에서 일어난 일이다. 인류가 처음으로 포유류의 난자를 발견한 것이다. 처음에 베어는 난자를 작은 알Little Egg을 의미하는 'Ovulum'이라고 불렀다. 그는 연구를 계속해 처음으로 척추동물의 주머니배Blastocyst✣✣를 관찰했으며, 이어 배아의 세 개 세포층인 외배엽, 중배엽, 내배엽이 조직과 장기의 기원이 된다는 사실을 밝혀냈다. 이로써 생명이 순차적으로 형성, 발달된다는 후성설의 타당함이 과학적으로 증명되었다. 또한 베어는 'Spermatozoa', 즉 정자라는 용어를 만들어냈다. 'Spermat-o-zoa'는 씨 또는 씨앗을 뿌리는 일을 뜻하는 'Spermat(Sperein)'와 동물 또는 생물을 뜻하는 'Zoa'의 합성어이다.

한편, 초창기 현미경을 이용해 정자와 난자를 관찰했던 몇몇 과학자들은 그 안에서 축소된 생물체를 정확하게 관찰하지 못했으면서, 막연하게 좀 더 확대하면 호문쿨루스(축소 인간)를 발견할 수 있을 거라고 생각해 전성설을 주장했다. 그러나 막상 베어가 성능이 개선된 현미경을 사용해 수정란을 관찰해보니 호문쿨루스는

✣ Von Baer KE. On the genesis of the ovum of mammals and of man; a letter to the Imperial Academy of Sciences of St. Petersburg. tr. O'Malley, Isis. 1956 Jun;47(148 Part 2):121-53.

✣✣ 포유동물의 발생 과정 중 초기 발생 단계에 형성되는 구조이다.

보이지 않았다. 전성설에 관한 막연한 환상이 깨어지는 순간이었다. 이렇게 대단한 업적을 남긴 베어를 우리는 '현대 발생학의 아버지'라고 부른다.

수정

정자와 난자의 비밀을 밝히다

19세기는 현미경의 성능과 실험 기법이 많이 개선되어 정자와 난자가 만나 수정되는 과정이 본격 연구되었다. 1839년 독일의 식물학자 마티아스 슈라이덴Mattias Schleiden, 1804~1881과 생리학자 테오도어 슈반Theoder Schwann, 1810~1882이 "생물체는 세포와 세포산물로 구성되어 있다"는 세포설Cell Theory을 발표하면서 생물의 발생도 정자라는 세포와 난자라는 세포가 수정란(접합자)을 이루어 하나의 생명체로 발달하며 이뤄진다는 생각으로까지 확장된다.

정자와 난자의 수정 과정을 최종적으로 규명하는 데 성공한 과학자는 독일의 동물학자이자 해부학자인 오스카 헤르트비히Oscar Hertwig, 1849~1922이다.[✣] 난자에 도달한 정자의 성분과 난자의 성분이

✣ Bodemer CW. The microscope in early embryological investigation. Gynecol Invest. 1973;4(3):188-209. doi: 10.1159/000301723. PMID: 4593975.

혼합된 후 이로부터 두 개의 핵이 새롭게 만들어지고 융합하여 비로소 발생이 시작된다고 주장한 해부학자 레오폴트 아우어바흐Leopold Auerbach, 1828~1897의 논문을 읽은 헤르트비히는, 수정 과정 중에 핵이 어떤 과정을 거치면서 혼합되고 생성되고 합해지는지 알아보기 위해 실험을 진행하였다.

헤르트비히는 독일의 유명한 생물학자 에른스트 헤켈Ernst Haeckel, 1834~1919의 제자로, 그의 영향을 받아 해양 생물을 이용한 연구모델을 활용하게 된다. 특히 해양 극피 생물인 성게는 알을 해안 지역에서 연중 쉽게 구할 수 있고, 체외 수정을 한다. 더구나 알이 투명하여 세포 속을 쉽게 관찰할 수 있다. 따라서 정액과 난자를 섞은 후 그 수정 과정을 현미경으로 관찰하기 쉬웠다.

여기에 헤르트비히는 두 가지 최신 기술의 도움을 받게 된다. 첫째, 1830년 이후에 개발된 비구면수차 · 색지움 렌즈 기술이 적용된 현미경의 사용으로 난자의 핵보다 작은 정자의 핵을 관찰할 수 있었다. 둘째, 정자와 난자의 핵을 특이적으로 표지할 수 있는 염색 기법을 사용했다. 핵질은 카민Amomoniacal Carmine, 아닐린Aniline, 헤마톡실린Hematoxylin 같은 시약과 반응하면 핵에 진하게 염색된다. 헤르트비히는 카민을 이용하여 정자 또는 난자의 핵을 염색한 상태로 현미경을 통해 핵의 변화를 추적할 수 있었다.

이렇게 준비된 성게알과 정액의 체외 수정을 진행하면서 그는 현미경으로 분석을 시작했다. 난자 내로 진입한 정자는 더 이상 꼬리를 움직이지 않고, 머리 부분에 있는 핵은 난자의 세포질로 진입하여 남자풋핵Male Pronucleus(전핵, 前核)이 되며, 나머지 꼬리 부분은

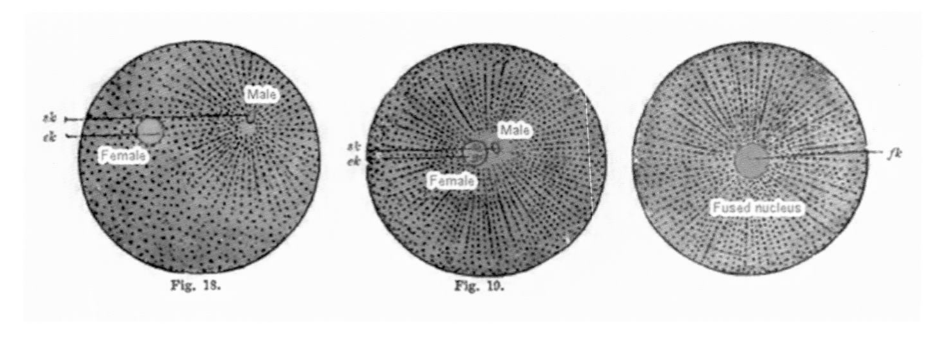

그림 14 성게알 수정 과정에서 정자로부터 유래한 풋핵(파란색)과 난자로부터 유래한 풋핵(빨간색)이 하나로 융합(Fused Nucleus)하는 장면(초록색). 헤르트비히의 발생학 책 삽화

사라지는 것을 확인하였다. 그 후 핵을 추적해보니, 5~10분에 걸쳐 난자의 여자풋핵**Female Pronucleus** 쪽으로 빠르게 이동해 서로 합체하여 하나의 핵으로 형성되는 것이 확인됐다(그림 14). 정리하면 정자와 난자로부터 각각 유래한 두 풋핵이 합해져 수정의 마지막 단계를 완성한 모습을 헤르트비히가 관찰하여 보고한 것이다.✣

이 연구를 통해서 인류는, 정자와 난자로부터 유래한 풋핵들이 하나로 합해지면서 생명이 탄생하며, 새로운 생명으로 발달하기 위한 첫 과정으로 왕성한 세포분열이 시작된다는 사실을 알게 되었다.

✣ Brind'Amour, Katherine, Garcia, Benjamin, "Wilhelm August Oscar Hertwig(1849-1922)", Embryo Project Encyclopedia, 2007.11.01.

하나의 난자에는 하나의 정자만 필요하다

위 실험을 하면서 오직 하나의 정자와 하나의 난자가 수정에 관여한다는 것을 알게 되었다. 그 후로, 헤르트비히는 어떤 원리로 이러한 현상이 나타나는지 더욱 깊이 연구하게 된다. 그러나 그보다 앞서 헤르트비히의 지도교수인 헤켈의 지도를 받았던 스위스 동물학자 헤르만 폴Hermann Fol, 1845~1892이 불가사리의 난자와 정자를 관찰하면서 수정의 원리에 관한 해답을 찾게 된다. 불가사리도 극피 동물에 해당하는데, 성게알과 같이 알이 투명해 수정을 연구하기에 좋은 모델이다.

폴은 수정 과정을 현미경으로 주의 깊게 관찰하였다(그림 15). 정자의 머리 부분이 난자의 세포 표면에 도달하면, 난자의 표면으로부터 투명한 돌기가 솟아올라 작은 손잡이 형태를 이루는데, 이것을 '수용돌기'라고 부른다(그림 15A). 이곳에서 정자의 머리와 돌기가 만나고, 정자의 꼬리에서 유래한 운동성 필라멘트가 진자 운동을 하면서 난자로 가는 길을 뚫는다(그림 15B). 이 길로 정자의 머리가 난자로 들어가게 되며, 그 순간 난황막으로부터 얇은 막이 떨어져 나오면서 난자 전체를 감싼다(그림 15C).

결과적으로 일단 정자가 진입하면 난황막의 구조와 기능이 달라지면서 다른 정자의 접근에 반응하지 않게 된다. 이런 원리로 다수의 정자가 난자에 진입하지 못하도록 막는 것이다. 이후에 학자들은 인간을 비롯한 포유류에서도 같은 원리가 적용됨을 알게 되

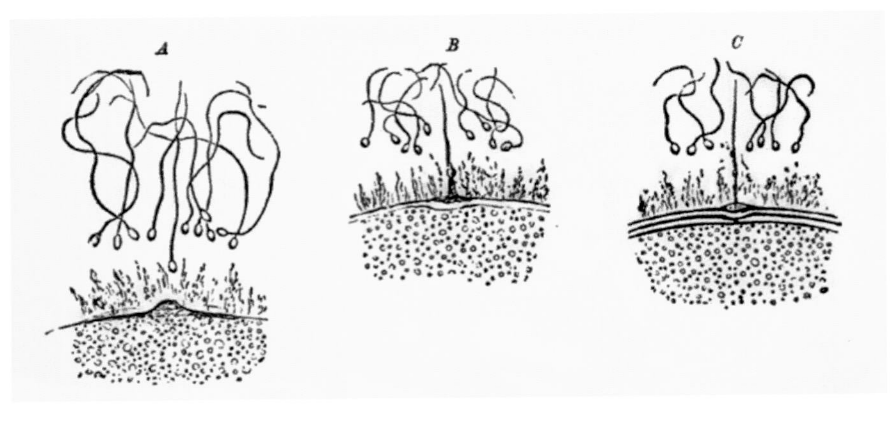

그림 15 A: 정자가 난자에 접근하면 난막에서 돌기가 나와 결합한다. B: 정자가 운동을 하여 난막을 뚫은 후 핵이 전달된다. C: 이후 난막이 구조적 변화를 일으켜 정자의 추가 진입을 막는다. 헤르트비히의 발생학 책 중 헤르만 폴의 논문 삽화 인용

었다. 예외적으로 두 마리 이상의 정자가 진입하는 경우도 있으나, 대부분 발생 도중 유산하게 된다.

핵에는 무엇이 들어 있을까?

과학자들의 연구 덕택에 19세기 말 무렵, 수정에서 정자와 난자의 핵이 하나로 융합되는 과정이 매우 중요하다는 사실이 알려졌다. 핵은 주로 세포의 가운데 막에 쌓여 있는 구조로, 핵질과 핵소체로 구성된다. 핵질은 특정 염색 시약과 반응하여 강하게 염색이

되므로 초창기 연구자들이 염색질이라고 불렀다. 세포가 분열할 때 염색질이 압축되어 실 모양으로 변하게 되는데, 이를 염색체라고 부른다. 이쯤 되면 왜 수정 과정에서 두 풋핵의 결합이 중요한지 알게 되었을 것이다. 현재 우리가 상식으로 알고 있는 생명과학 지식을 연결해보면, 부모의 유전 정보는 정자와 난자 속에 들어 있는 핵을 통해 전해진다.

염색체는 생물마다 그 수가 다르다. 사람의 경우 46개의 염색체로 구성되어 있다. 이 중 22개의 보통염색체는 쌍을 이루고 있고, 성을 결정하는 X와 Y 염색체가 있다. 체세포가 분열할 때는 모세포와 딸세포의 염색체 수가 동일한 '유사 분열'을 한다. 하지만 정자와 난자 같은 생식세포가 분열하면 염색체의 수가 반으로 줄어드는 '감수 분열'을 하게 되고, 특히 정자의 경우는 성염색체 중 X 또는 Y만을 갖는 정자가 일대일로 생성된다. 정자의 풋핵과 난자의 풋핵이 만나 새로운 핵으로 융합되어, 염색체 수가 46개로 회복된 수정란이 되면서 새로운 생명이 출발하는 것이다. 이 과정에서 난자가 어떤 정자와 수정을 하느냐에 따라 태아의 성별이 결정된다.

수정이 끝나고 분열이 계속되다

정자와 난자가 완전한 수정을 이룬 세포를 접합자Zygote라고 부른

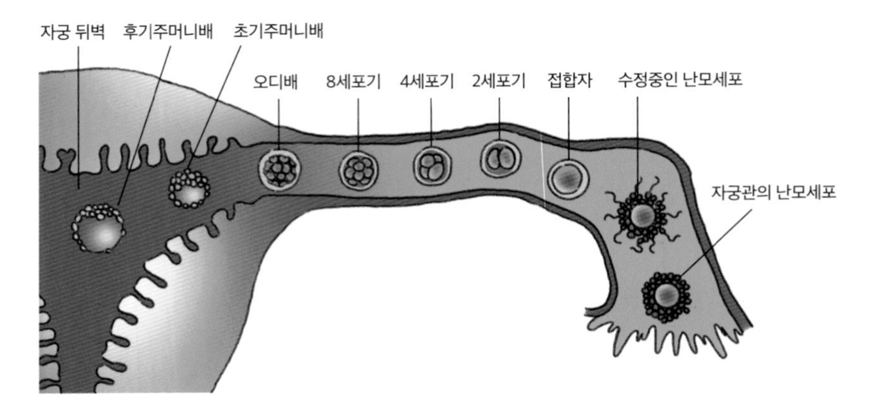

그림 16 사람의 수정 후 발생 1주 과정

다. 이 접합자는 유사 분열을 계속하여 그 수를 불려나간다. 2세포기, 4세포기, 8세포기를 거쳐 12~32개 분할알갱이로 구성된 '오디배'가 된다. 오디배는 뽕나무 열매처럼 보인다고 해서 붙여진 이름이며, 수정 후 3일 차에 만들어진다. 자궁으로 운반된 오디배 속에 액체 공간이 나타나는 시기를 '주머니배'라고 하며, 주머니배는 자궁의 내막에 착상하여 태반을 형성해가면서 본격적으로 배아로 발달할 준비를 한다.

클림트 코드

그림에 새긴 생물학적 도상

클림트의 그림에는 수많은 생물학적 도상Icon이 나타난다. 클림트 작품에 이러한 도상들이 들어가게 된 배경을 분석한 미술사가 에밀리 브라운Emily Braun, 1957~은, 《종의 기원》을 집필해 인류의 사고와 과학계에 커다란 영향을 미친 찰스 다윈과, 다윈의 진화론을 독일어권 국가에 적극적으로 퍼트린 에른스트 헤켈이 클림트에게 많은 영향을 준 것으로 설명한다.✣

클림트 자신은 과학계에 종사하는 사람이 아니었지만, 빈에서 주커칸들Zuckerkandl 부부를 만나 매우 특별한 경험을 하게 된다. 베르타 주커칸들은 언론인의 장녀로 태어나 빈 의대 해부학 교수인

✣ Braun E. Ornament as Evolution Gustav Klimt and Berta Zuckerkandle in Gustav Klimt: The Ronald S. Lauder and Serge Sabarsky Collections. edited by Renee Price. New York: Prestel Publishing; 2007.

에밀 주커칸들과 결혼한다. 베르타는 당시 유행하던 살롱을 운영하는, 요즘으로 치면 '인플루언서'였다. 이 살롱에는 의사, 예술가, 작가, 음악가, 철학자 등 다양한 사람들이 참석했으며, 서로 여러 분야의 새로운 지식을 공유하고 소통했다. 클림트는 이 살롱의 주요 멤버였다.

이러한 인연으로 클림트는 어느 날, 의대 해부학 실습실을 방문했고, 이를 계기로 1903년 주커칸들 교수가 진행하는 '예술인을 위한 해부학 강의'를 듣게 된다.✣ 주커칸들 교수는 인체의 육안적 구조와 현미경으로 관찰되는 조직의 사진을 랜턴(환등기) 슬라이드를 통해 소개하였으며, 특히 정자와 난자로부터 발달하는 인간 발생의 신비에 대한 강의를 진행하였다. 당시 의학 연구를 주도하는 과학자로서 주커칸들 교수는 다윈의 진화론과 독일의 다윈이라 불린 헤켈 교수의 연구 내용을 소개하였다.

그는 특히, 헤켈 교수의 연구물 또는 책에서 다수의 조직학적 내용을 인용하였다. 클림트는 주커칸들 교수의 강의와, 그와의 교류를 통해 해부학, 발생학, 조직학에서 표출된 이미지에 깊은 인상을 갖게 된다. 그리고 이를 자신의 그림 속 중요한 재료로 사용하게 된다.

그럼 이제 찰스 다윈, 에른스트 헤켈, 에밀 주커칸들, 구스타프 클림트로 이어지는 과학자와 예술가 간에 일어난 교류의 흐름을 따라가보자.

✣ Buklijas T. The Politics of Fin-de-siecle Anatomy in The Nationalization of Scientific Knowledge in the Habsburg Empire, 1848-1918 edited by Ash M and Surman J. England: Palgrave Macmillan; 2012.

찰스 다윈

미술에 진화론 바람이 불다

다윈은 집안의 바람에 따라 에든버러 의대에 입학했다가, 자신의 적성에 맞지 않는다고 판단해 자퇴한다. 그리고 케임브리지 대학교 신학과에 입학한다. 신학보다 박물학에 관심이 많았던 다윈은 곤충학, 식물학, 광물학 및 지질학을 공부하게 된다. 다양한 학문을 종합적으로 공부한 인연으로 신학과를 졸업 후, 영국 해군의 'HMS 비글호'를 타고 세계 일주를 하면서 많은 자료를 수집한다. 결과적으로 이 모든 것이 다윈의 진화론을 완성하는 중요한 지적 자산이 되었다.

다윈이 《종의 기원》을 통해 진화론을 주장했던 것은 많은 사람들이 아는 바다. 그런데, 다윈의 진화론이 우리 인류사에 과연 어느 정도의 영향력을 미쳤던 걸까? 그 대답은 최근 다윈 포럼 기획으로 장대익 교수가 번역한 《종의 기원》의 발간사에서 한국의 대표 다윈 학자 최재천 교수가 소개한 내용을 보면 직관적으로 알 수 있다.

최재천 교수는 2000년 밀레니엄을 맞이하면서 미국의 언론인 네 명이 각국의 학자와 예술가들을 대상으로 지난 1,000년간 세계에 영향을 미친 1,000명의 인물에 대한 조사를 한 결과 1위는 구텐베르크이고, 다윈이 당당 7위에 선정되었다고✣ 객관적 설문 결과를 제시함으로써 다윈의 영향력을 설명하였다. 그럼 《종의 기원》이 왜 그토록 큰 영향력을 갖게 되었을까?

이에 대해 장대익 교수는 옮긴이의 서문에서 '자연선택'과 '생명의 나무' 두 가지를 핵심 요소로 설명한다. 독자의 이해를 돕기 위해 다음과 같이 옮긴이의 서문을 일부 발췌한다.

> 다윈은 두 가지 개념을 《종의 기원》에서 제시하고 있다. 첫 번째는 생명의 변화에 대한 주요 메커니즘으로서 자연선택을 내세웠다는 점이다. 그는 이 선택 과정을 통해 개체 간에 차등적인 생존과 번식이 일어나며 그로 인해 생명이 진화한다고 생각했다. 자연선택 이론은 과학사에서 가장 중요한 이론 중 하나지만 동시에 초등학생도 충분히 이해할 수 있을 정도로 간결한 논리구조를 갖고 있다. ①모든 생명체는 실제로 살아남을 수 있는 것보다 더 많은 자손의 수를 낳는다. ②같은 종에 속하는 개체들이라도 저마다 다른 형질을 가진다. ③특정 형질을 가진 개체가 다른 개체에 비해 환경에 더 적합하다. ④그 형질 중 적어도 일부는 자손에게 전달된다. 이러한 조건이 만족되는 특정

✣ 찰스 로버트 다윈, 《종의 기원》, 사이언스북스, 장대익 옮김, 2019.

형질군이 많이 누적되면 어느 시점에 새로운 종이 생겨난다. 이것이 '자연선택을 통한 진화'의 핵심이다.✣

다윈은 생물의 종은 정적인 것이 아니고 계속 조금씩 변화되고 있으며 그 변화가 충분히 커지면 새로운 종이 만들어지는데, 이것이 '종의 기원'이라고 설명한다. 즉, 생물의 세계는 어떤 절대자의 의지에 의해 고정되어 있지 않으며, 개체들에서 발생한 변이가 자연선택이라는 기전機轉을 거쳐 종을 변화시킬 수 있다는 주장이다. 다윈은 이러한 맥락에서 관련된 종들 간의 얼개를 짜 '생명의 나무'라는 형태의 모델을 제시했다(그림 17).

기존의 자연신학자들은 신이 물질세계에 관여한다는 것을 보여주고자 했으며, 설계와 창조를 핵심 개념으로 삼았다. 즉 창조자의 계획에 따라 여러 생물의 종이 존재한다고 보았다. 그런데 다윈은 생산과 변이의 토대 위에서 자연환경에 적합한 종들이 생존해 현재의 생물계를 이루고 있으며 무수한 세월을 거슬러 올라가면 모든 생물이 공통적인 출발점을 가질 것이라고 주장했다. 인간도 이러한 생명의 나무에 포함되어 있고, 침팬지와 인간이 사촌쯤 된다고 설명했다.

19세기 중반 유럽 사회에서 이러한 주장은 엄청난 소란을 유발했다. 그동안의 유럽 사회는 저변에 크리스트교가 있었고, 모든 생명은 신의 뜻에 따라 만들어졌으며 인간에게 이를 다스릴 수 있는

✣ 위의 책, 18~19쪽.

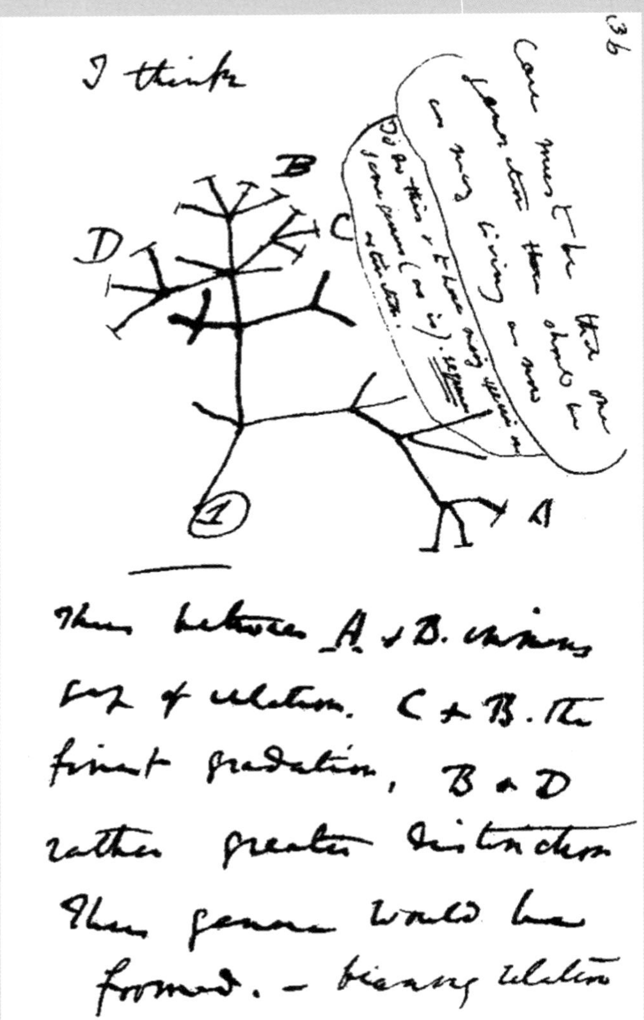

그림 17 다윈의 비밀 노트에 그려진 ‘생명의 나무’

권위가 주어져 있다고 믿었다. 그러니 다윈의 주장은 단순한 과학적 학설이 아니라 당시의 사회적 통념에 도전하는 하나의 혁명이나 다름없었다.

다윈은《종의 기원》에서 인간 진화에 관한 내용을 처음부터 언급하지 않았다.《종의 기원》을 1859년에 출판한 이후 여러 판의 개정판을 내면서 사회적 반응을 주시하다가, 1871년《인간의 유래와 성 선택The Descent of Man, and Selection in Relation to Sex》을 출판한다. 이 책은《종의 기원》에서 주장한 진화론을 사람에게 적용하며 인간의 진화에 대해 설명한다. 진화심리학, 진화윤리학, 진화음악학 등의 논의를 하였고, 다양한 인종의 출현과 성의 차이 그리고 배우자를 선택하는 데 있어서 여자의 우월적 위치 등을 기술하였다. 다윈은 진화의 기전으로 '자연선택'과 '성 선택'을 주장하였는데, 이는 다윈이즘Darwinism이라고 불리며 현재까지 인류의 문화에 많은 영향을 주고 있다.

2009년에는 전 세계적으로 다윈 탄생 200주년과《종의 기원》출판 150년을 기념하는 다양한 행사가 진행되었는데, 그중에 하나로 케임브리지 대학교의 피츠윌리엄 박물관에서 '끝없는 형태: 찰스 다윈, 자연과학, 시각 예술Endless Forms: Charles Darwin, Natural Science, and the Visual Arts'✣이라는 주제의 전시회가 열렸다. 이 전시회에서 다윈이즘이 19~20세기 미술에 미친 영향을 조명하는 다양한 작품들이 전시되었고, 이 주제에 대한 강연회도 열렸다. 다윈이 활동할

✣ Donald, Diana. Endless forms. England: Fitzwilliam Museum, 2009.

그림 18 **윌리엄 다이스, 〈켄트주 페그웰베이Pegwell Bay, Kent〉**, 1858~1860, 63.5×88.9cm, 런던 테이트 모던, 캔버스에 유채

당시의 생물학자들이 직접 그린 생물의 육안 그림, 현미경 그림은 흥미로운 볼거리를 제공했고, 과학적 호기심을 불러일으켰다. 이 전시를 기획한 다이애나 도널드Diana Donald, 1938~ 박사는 흥미롭게도 사실 다윈은 그 시대의 생물학자로서 약점이 하나 있었는데, 예술적 재능이 없는 것이라고 말했다. 그럼에도 불구하고 다윈의 사상은 당시의 예술가들에게 큰 영향을 미쳤다.

'끝없는 형태' 다윈 특별전의 도록을 참고하여 다윈이즘이

19~20세기 미술에 미친 영향을 간략히 소개하고자 한다. 다윈의 영향으로 예술가들은 지구와 자연을 역사적 관점에서 관찰하게 되었고, 특히 생물학과 지질학 그리고 자연의 경관을 소재로 한 그림을 그렸다. 대표적인 예로 영국의 낭만주의 화가 윌리엄 다이스 William Dyce, 1806~1864는 해안가의 지형과 다양한 생물 등을 정교하게 표현하고 이를 관찰하면서 휴가를 즐기는 가족을 미술작품으로 표현했다(그림 18).

이 외에도 다윈 진화론의 중요한 내용인 생존투쟁과 적자생존을 표현하는 다양한 작품들이 있는데, 대표적인 작가와 작품으로는 독일의 자연사 일러스트레이터 요제프 볼프Joseph Wolf, 1820~1899의 〈정글의 행렬〉, 〈겨울철의 들꿩〉, 〈여름철의 들꿩〉이 있다. 이 그림들은 동물들의 생존을 위한 적응의 예를 보여준다.

진화론의 핵심 내용 중 하나는 하등생물에서 고등생물까지 연결되어 있다는 것이다. 예술 분야에서는 이런 영향을 받아 가브리엘 폰 막스Gabriel von Max, 1840~1915, 오딜롱 르동Odilon Redon, 1840~1916, 아르놀트 뵈클린Arnold Böcklin, 1827~1901 같은 작가들이 머리는 사람의 형상이고 몸은 동물의 형상인 새로운 상상 속의 생명체(키메라)를 창조하기도 했다(이 내용은 3부에서 자세히 살펴본다). 또한 조지 프레더릭 와츠George Frederic Watts, 1817~1904는 명확하게 〈진화〉라는 제목의 작품을 그려 진화론을 적극적으로 소개했다.

흥미로운 점은 다윈이즘이 클로드 모네Claude Monet, 1840~1926, 폴 세잔Paul Cézanne, 1839~1906, 에드가 드가Edgar Degas, 1834~1917 등 인상파 작가들에게도 영향을 주었다는 것이다.

에른스트 헤켈

다윈의 뒤를 잇다

독일의 생물학자이자 철학자인 에른스트 헤켈은 1860년에 찰스 다윈의《종의 기원》을 번역하여 독일어권 국가에 적극적으로 소개해 '다윈의 사도'라 불렸다.

헤켈은 생물학자나 철학자 말고도 동물학자, 박물학자, 우생학자, 의사, 교수, 해양 생물학자, 예술가 등으로 알려져 있다. 1834년 프로이센의 포츠담에서 태어난 헤켈은 식물학과 박물학에 관심이 많았으며 이러한 학문을 바탕으로 의학 공부도 하게 된다. 뷔르츠부르크 대학교 의대를 졸업하고, 베를린 대학교에서 독일의 유명한 생리학자인 요하네스 뮐러Johannes Müller, 1801~1858 교수의 실험실에서 연구를 수행한다. 당시 뮐러 교수는 해양 생물학에 몰입하고 있었는데, 헤켈도 이 연구에 많은 영향을 받아 1859년에는 환자 진료를 그만두고 해양 생물학에 관한 연구를 시작한다. 그 연구의 성과로 4,000종이 넘는 해양 무척추생물에 대해 기록을 남겼으며, 각각의 그림을 그려 동물학 분야에 큰 공헌을 남긴다. 그리고 1861년에 예나 대학교의 강사로, 1862년에는 비교해부학 교수 및 동물학 연구소 소장으로 임명된다.

헤켈은 활발하고 격정적인 토론자였으며 부지런한 과학자였다. 당시에 무려 700편의 논문과 신문기고를 썼고, 열여덟 권의 책을 출판했다. 책 중에 진화생물학적 관점에서 쓴《인류 발생 또는 인간 발달의 역사Anthropogenie: oder, Entwickelungsgeschichte des Menschen》✣는, 영어로 'The Evolution of Man; a Popular Scientific Study'란 책명으로 번역 출판되었다. 이 책은 1897년 초판이 나온 이래로 여러 차례 개정판이 출간되었다. 책에는 진화생물학과 사람의 발생에 관한 내용이 포함되어 있고, 많은 삽화가 담겨 있는데, 이 그림들이 클림트 〈키스〉의 중요한 소재가 된 것으로 보인다. 또 다른 책으로는《자연의 예술적 형상Kunstformen der Natur》이 있는데, 이 책은 예술가들에게 많은 영감을 준 대표 저술이다.

헤켈은 수천 종의 새로운 생물을 발견하여 명명하였으며, 모든 생명체를 연관성에 따라 지도처럼 분류해 계보도를 작성하였다. 특히 생물학 분야에서는 '생태학Ecology', '계통발생Phylogeny', '원생생물Protista' 그리고 동식물 분류 체계에서는 '문Phylum'이란 용어를 만들었다. 생물 시간에 동식물 분류 체계를 공부할 때 "종/속/과/

✣ Haeckel, E. Heinrich Philipp August. (1903). Anthropogenie, oder, Entwickelungsgeschichte des Menschen: Keimes- und Stammes-Geschichte. 5. umgearb. und verm. Aufl. Leipzig: W. Englemann.

목/강/문/계"를 열심히 외웠던 기억이 있을 것이다. 인간을 동물 분류학적으로 본다면, 다음과 같은 순서로 추적할 수 있다.

동물계 ▻ 척삭동물문 ▻ 포유강 ▻ 영장목 ▻ 직비원아목 ▻ 원숭이하목 ▻ 사람상과 ▻ 사람과 Hominidae ▻ **사람과**Homini ▻ **사람속**Homo ▻ **사람종** Homo Sapiens

헤켈의 업적 중 하나는 다양한 생물의 얼개를 정리하여 아름답고 자세한 생명의 나무Tree of Life를 소개한 것이다. 이미 진화론을 설명할 때 언급했듯이 생명의 나무에 관한 개념은 매우 중요한데, 헤켈은 자신의 예술적 재능을 발휘하여 시각적으로 뛰어나게 표현하였다(그림 19).

다윈의 비밀 노트를 보면 그도 진화의 나무Evolutionary Tree, 즉 생물의 계통수✣에 대한 개념을 생각하고 있었다. 이러한 생명의 나무 개념은 지금도 생물학 분야에서 다양하게 활용되고 있다. 예를 들어 COVID19의 원인 바이러스인 SARS-CoV-2을 연구할 때도 '이 바이러스 족보가 어떻게 되나?' 알아보기 위해 계통수를 작성해보았고, 이는 새로운 변이를 보고하여 바이러스의 특징을 규명하거나 치료 및 예방 전략을 짜는 데 도움을 주었다.

헤켈은 여러 동물의 발생학 과정을 자세히 관찰하고, 당시의 연

✣ 진화 과정을 나무 줄기와 가지의 관계로 나타낸 것이다.

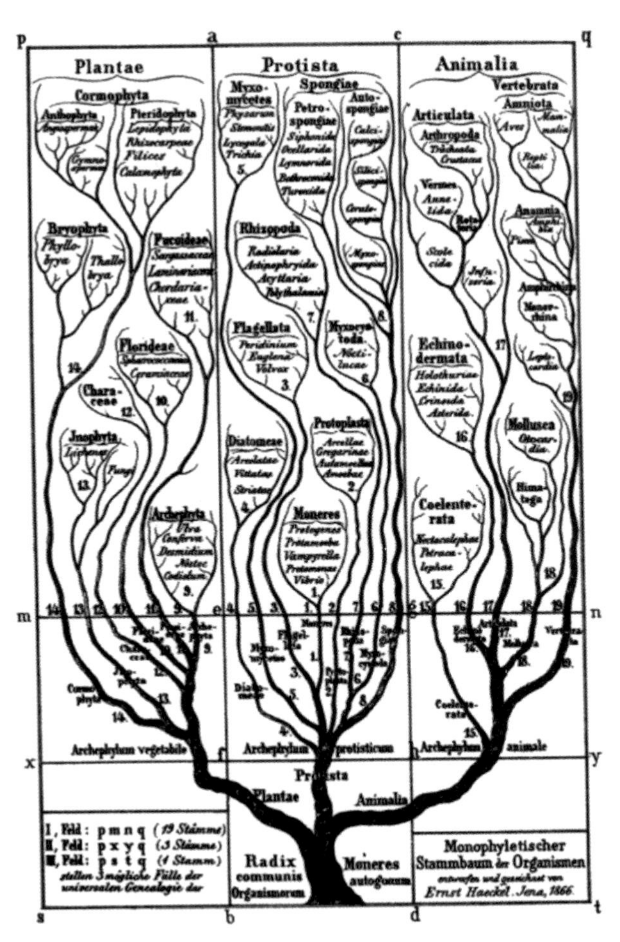

그림 19 헤켈이 《유기체의 일반 형태학Generelle Morphologie der Organismen》에서 그린 '생명의 나무'(1866)

구와 자신의 연구 결과를 정리하여 "개체발생은 계통발생을 반복한다Ontogeny follows phylogeny"라는 '발생반복설'을 주장해 학계의 주목을 받는다. 그리고 동시에 많은 사회적 논란도 일어난다.

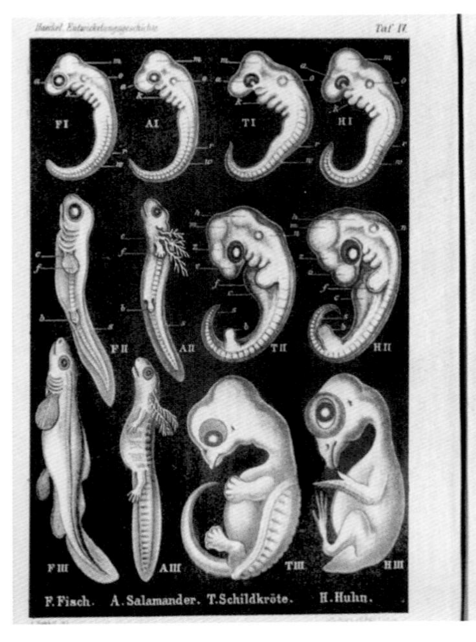

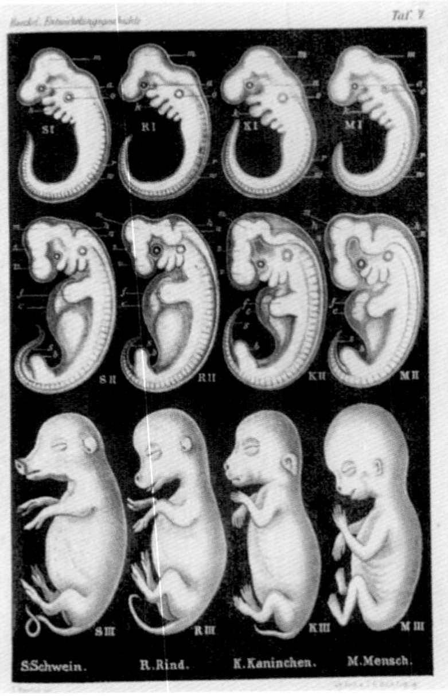

그림 20 물고기, 도롱뇽, 거북이, 닭, 돼지, 소, 토끼, 사람의 발생 중 배아의 형태(헤켈, 1874)

그림 20을 살펴보자. 왼쪽부터 물고기, 도롱뇽, 거북이, 닭, 돼지, 소, 토끼, 사람의 발생 중 배아 형태를 나타내며, 발생 초기에는 각각의 차이점을 찾기가 어렵다. 모든 동물이 이와 같은 공통된 초기 발생 과정을 거친 후 발생 후기로 진입하면서 각각의 진화 수준에 맞게 다르게 발달하고 있는 모습이 보인다.✣

예를 들어 포유동물의 발생 과정에는 물고기에 존재하는 아가미 같은 구조가 보이나 태어난 포유류에는 아가미가 사라진 것을 알 수 있다. 이 주장은 진화론을 설명하는 데 강력한 논리로 활용

✣ Anthropogenie by E. Haeckel, 1874, Leipzig: Engelmann.

될 수 있어서, 진화론을 지지하는 연구자들에게는 쉽게 받아들여지고, 얼마간은 영광을 누렸다. 그러나 그림을 그리는 과정에서 연구자의 과도한 욕심이 들어가 부정확한 그림을 그렸다는 것이 밝혀져 비난을 받아야만 했다. 위 이론은 제법 그럴듯하지만 현재는 정설로 여겨지지 않는다.

헤켈이 낸 책《자연의 예술적 형상》에는 매우 정교하고 아름다운 생물 그림이 담겨 있다. 당시는 물론 21세기인 지금도 많은 예술가들에게 영감의 원천을 제공하는 그림들이다. 실제로 헤켈은 1904년《자연의 예술적 형상》 시리즈를 마치면서 이 책의 출판 의도를 다음과 같이 밝혔다.✣

> 이번에 쓴《자연의 예술적 형상》의 주요 목적은 미학이었습니다. 나는 많은 교양인들이 바다 깊숙한 곳에 숨어 있거나 크기가 작아 현미경을 통해서만 볼 수 있는 경이적이고도 아름다운 보물을 볼 수 있기를 원했습니다. 또 이러한 자연 형태의 놀라운 조직 구조에 대한 통찰력을 전달하려는 과학적 목표가 포함되어 있습니다.

헤켈은 원고를 학술자료 형태로 출간함으로써 연구자로서의 과학적 목적을 달성했으며, 책이 베스트셀러가 되면서 대중에게 자연의 아름다움을 전달하는 데도 성공하였다. 그 유명한 사례 중 하나는 1900년 파리 박람회장**Exposition Universelle in Paris**의 주 출입구

✣ Haeckel, Ernst. The art and science of Ernst Haeckel. 독일: Taschen, 2021.

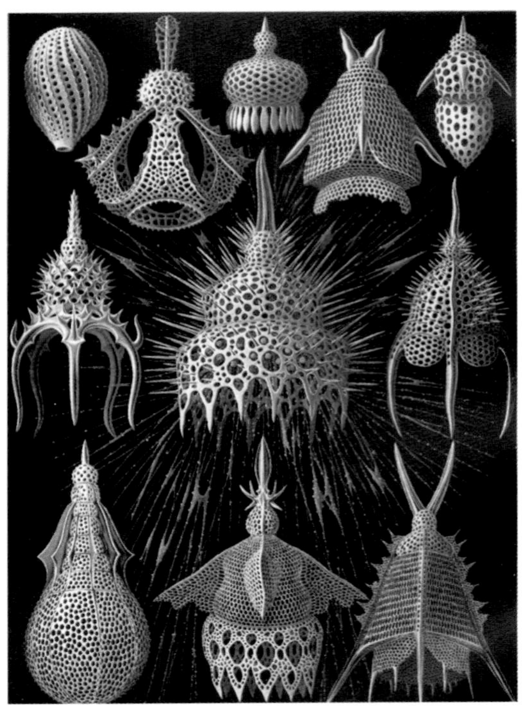

그림 21 위: 헤켈의 《자연의 예술적 형상》에 나온 방산충 그림
아래: 1900년 파리 박람회장 주출입구 디자인(《L'Illustration》지 1904년 4월호 표지 그림)

를 설계한 프랑스 건축가 르네 비네René Binet, 1913~1957의 작품이《자연의 예술적 형상》에 나온 방산충의 형상에서 영감을 얻은 것이다(그림 21).

헤켈의 그림은 가구에서 건축물에 이르기까지 실생활에 관련된 모든 부분에 영향을 미쳤다. 1900년을 전후하여 빈에도 아르누보 양식의 미술이 활발하게 소개되기 시작했고, 클림트를 비롯한 분리파는 이를 적극 수용하여 새로운 예술 활동을 개척해나갔다.

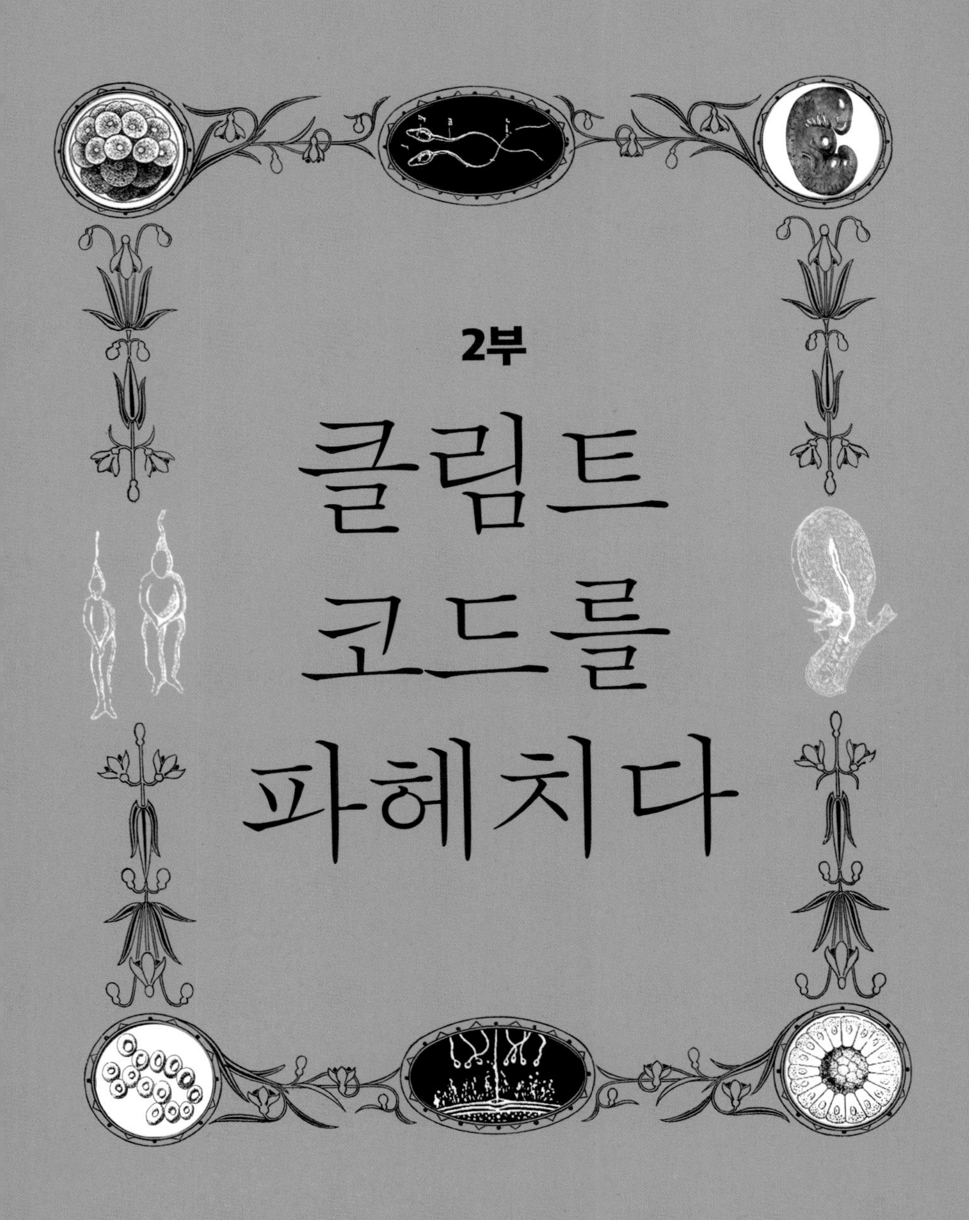

2부

클림트 코드를 파헤치다

태초의 공간

〈벌거벗은 진실Nuda Veritas〉, 1898

〈벌거벗은 진실〉은 클림트가 분리파의 리더로 활동할 때 그린 그림이다. 분리파 잡지《성스러운 봄》의 창간호에 실린 판화 삽화에는 벌거벗은 여인이 거울을 들고 아무 부끄럼 없이 냉철한 표정으로 독자를 향해 서 있다(그림 22). 그림 위에는 독일의 시인이자 작곡가인 레오폴트 셰퍼Leopold Schefer, 1784~1862의 글이 인용돼 있는데, 그 내용은 "진실은 불이다. 진실은 불을 밝히고 불사르는 것이다"이다. 벌거숭이는 아무것도 감추는 것이 없기에 진실이며, 진실을 표현하는 것은 어둠을 밝히기 위해 불을 지피는 일과 같다고 말하고 있다.

이 진실이란 무엇일까? 여러분의 눈에 보이는 것이 진실인가?

그림 속의 여인은 이렇게 말하고 있는 것 같다. "거울에 당신을 비추어 보고 너 자신을 알라! 우리 인간의 진실을 알라!" 옷이 없

그림 22 〈**벌거벗은 진실**Nuda Veritas〉, 《성스러운 봄》을 위한 삽화, 1898

그림 23 〈**벌거벗은 진실**Nuda Veritas〉, 1899, 240×64.5cm, 오스트리아 국립 도서관, 캔버스에 유채

어진다면 우리는 진실을 볼 수 있을까? 물리적으로는 좀 더 실체에 다가갈 수 있겠지만, 인간은 훨씬 복잡한 존재이다. 우리의 피부 밑에는 다양한 해부학적인 구조가 있고 정신을 지배하는 그 무엇인가가 우리 안에 있다.

빈 의대의 로키탄스키 교수가 설파한 "진실을 찾으려면 몸의 표면 밑을 보라!"는 말에 따라 의학자들은 해부학, 조직학, 병리학 등의 학문을 통해 진실에 접근하려 했고, 오랫동안 과학의 범위 밖에 있었던 정신세계를 과학적 분석의 대상으로 끌어낸 지그문트 프로이트가 등장했다. 당시의 미술가들은 사진 기술의 등장으로 위기감을 느꼈고, 이를 극복하는 전략으로서 사진이 표현할 수 없는 숨겨진 진실을 작품에 표현하고자 했다.

클림트는 적절한 상징이나 아이콘을, 에곤 실레는 자극적인 몸짓Gesture을 활용했다. 오스카 코코슈카는 피부를 꿰뚫고 밑에 있는 근육의 모습을 보여주기도 했다.

〈벌거벗은 진실〉이 유화로 그려진 그림 23을 살펴보자. 이 그림은 흑백 삽화가 발표된 이후에 그려진 것으로, 풍성한 메시지를 담고 있다. 우선 그림 위에 쓰인 글이 달라졌다. 독일의 유명한 시인 프리드리히 실러의 글로 대치되었다. "당신의 행동이 대중을 기쁘게 하지 못한다면, 소수를 기쁘게 하는 것으로 만족하라. 여럿을 기쁘게 하는 것은 하나의 악이다"✣라고 적혀 있다. 이는 그동안의 분리파 활동에 대한 자신감의 표현이고, 이들이 추구하고자 하는

✣ Partsch S. Klimt Life and Work. Michigan: Borders Group; 1st THUS edition; 2002.

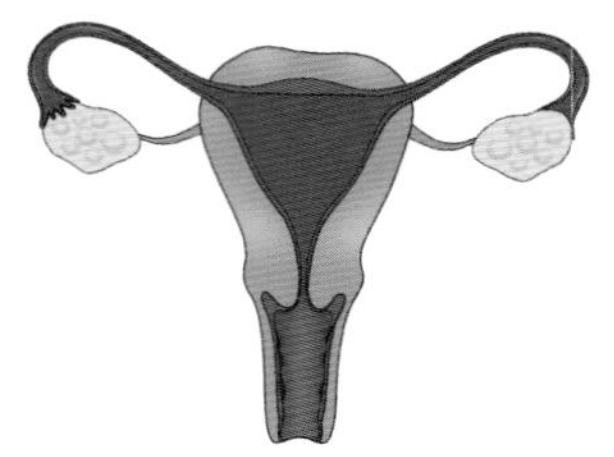

그림 24 사람 자궁의 형태와 한국 배, 서양 배의 형태

새로운 작품 세계에 대한 방향성을 제시한 것이나 다름없다.

이 그림의 배경인 푸른색 물결을 자세히 보면, 마치 자궁과 같은 형상을 하고 있음을 알 수 있다. 서양 해부학자들이 자궁의 형태를 설명할 때 배Pear처럼 생겼다고 표현하곤 한다. 필자는 학생 때 서양인이 쓴 교과서를 읽으면서 납득이 되지 않았다. 한국인이 생각하는 배는 거의 완벽하게 둥근 모양인데, 내가 해부하면서 본 자궁은 아무리 보아도 조롱박처럼 생겼으니 말이다. 그러나 나중에 서양 배의 모양을 보고 이해가 되었다. 서양 배를 뒤집어 보면 자궁의 몸통과 같아 보인다. 역시 비유는 설명하기에는 편리하나, 문화적 배경이 다른 사람에게까지 통용되지 않을 수 있다(그림 24).

다시 그림 23으로 돌아가 보자. 여인의 모습이 마치 자궁과 겹쳐 보인다. 그 속에 들어 있는 푸른색은 물, 즉 양수를 떠올리게 한다.

이 그림의 구성은 보티첼리Sandro Botticelli, 1445~1510의 〈비너스의 탄생〉을 연상하게도 한다(그림 25). 미의 여신 비너스(아프로디테)의 탄생을 고대 시인 헤시오도스는 이렇게 표현한다. "크로노스가 절단한 우라노스의 남근이 바다에 떨어져 그 주위에 정액의 거품이

그림 25 **산드로 보티첼리, 〈비너스의 탄생The Birth of Venus〉**, 1485, 172.5×278.9cm, 피렌체 우피치 미술관, 캔버스에 템페라

모여 여신이 탄생했고, 그녀가 섬에 올라오자 에로스와 여러 여신들이 마중 나오고 그녀가 가는 길에 꽃이 만발했다." 이러한 그리스 로마 신화를 근간으로 〈비너스의 탄생〉이 그려진 것이다.

클림트의 〈벌거벗은 진실〉 속 여인은 신비로운 기운이 깃든 물결을 배경으로 서 있고, 그 모습은 마치 현대적 비너스와 같다. 보티첼리의 비너스가 수줍고 곱상한 표정으로 측면을 바라보고 있다면, 클림트의 그림 속 여인은 긴 머리를 늘어뜨리고 냉랭한 표정으로

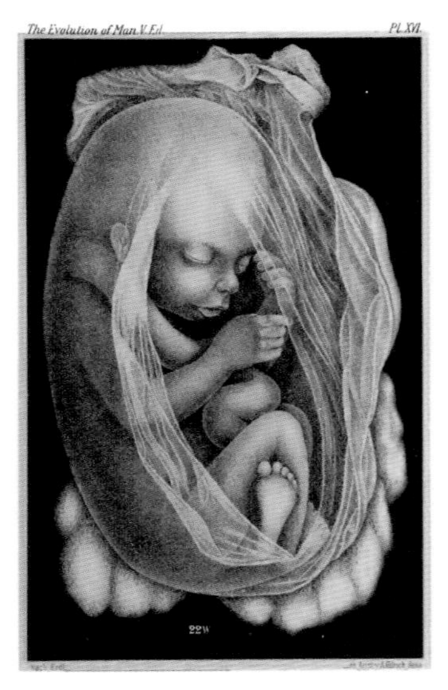

그림 26 태아와 태아막

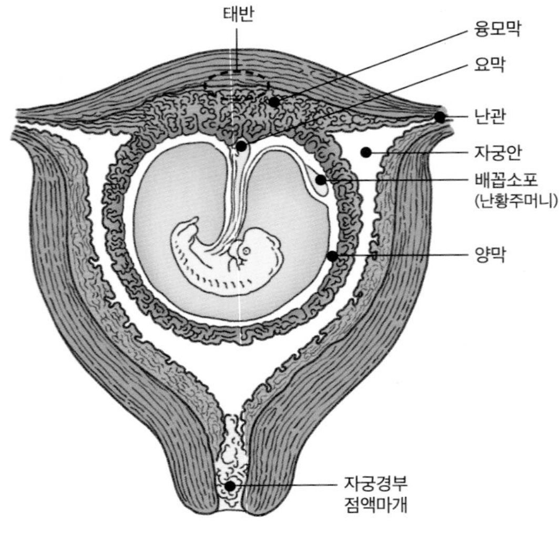

그림 27 태아막의 구성, 8주 된 태아

정면을 응시한다. 이는 공격적이고 섬뜩한 느낌을 주기도 한다.✣

보티첼리의 '비너스'는 신화적 존재인 미의 여신으로서 바닷물에서 태어나지만, 〈벌거벗은 진실〉 속 여인은 엄마의 자궁에서 태어나는 생물학적 존재임이 명확하다. 배경의 푸른색에 있는 흐르는 듯한 물결은 '막 구조'를 연상하게 하는데, 클림트의 다른 그림인 〈의학〉, 〈다나에〉, 〈여인의 세 시기〉 등에도 등장하는 패턴과 유사하다. 이러한 패턴은 헤켈이 대중과학서로 쓴 《인류학 또는 인간개발의 역사: 세균과 부족의 역사Anthropogenie, oder,

✣ 전원경, 《클림트》, 아르테, 2018.

Entwickelungsgeschichte des Menschen : Keimes- und Stammes-Geschichte》에 나온 태아를 감싸고 있는 태아막의 형태와 유사하다. 실제로 여기서 모티브를 얻은 것으로 보인다(그림 26).✣

태아막Fetal Membrane은 발생 중 태아를 감싸고 있는 네 개의 막으로 태아의 발달과 임신을 유지하는 데 중요한 역할을 한다. 인간을 포함한 포유류의 태아막은 양막, 융모막, 요막, 배꼽소포로 구성되어 있다(그림 27).

각각의 역할을 살펴보자. 먼저 양막은 혈관이 없는 투명하지만 질긴 막으로서, 클림트가 〈벌거벗은 진실〉에 표현한 태아막은 양막의 형상을 근간으로 한다. 양막 안에는 양수가 있으며 태아는 양수 속에서 탯줄에 매달려 자유로이 유영한다. 양수는 태아가 정상적으로 발달하는 데 중요한 기능을 수행한다.✣✣ 먼저 태아가 대칭적으로 성장할 수 있도록 균형을 잡아주고, 양수 속에서 자유로이 운동할 수 있는 공간을 제공해 팔다리 근육의 발달을 돕는다. 또한 감염 등에 대한 보호 장벽의 역할을 하며, 허파의 발생을 돕고, 일정한 온도를 유지함으로써 태아의 체온 조절에도 관여한다. 이러한 의학적 설명과 더불어 양수를 어머니의 바다와 같이 넓고

✣ Haeckel, E. Heinrich Philipp August. (1903). Anthropogenie, oder, Entwickelungsgeschichte des Menschen: Keimes- und Stammes-Geschichte. 5. umgearb. und verm. Aufl. Leipzig: W. Englemann.

✣✣ Verbruggen SW, Oyen ML, Phillips AT, Nowlan NC. Function and failure of the fetal membrane: Modelling the mechanics of the chorion and amnion. PLoS One. 2017 Mar 28;12(3):e0171588. doi: 10.1371/journal.pone.0171588. PMID: 28350838; PMCID: PMC5370055.

따스한 사랑을 느끼게 해주는, 엄마와 아기의 정서적, 물리적 소통을 매개하는 장치로 의미를 부여하기도 한다.[✣] 클림트의 〈벌거벗은 진실〉에 표현된 태아막과 함께 표현된 양수도 이러한 맥락에서 묘사되었다고 할 수 있다.

그 다음으로 융모막은 프로스타글란딘[✣✣]의 합성과 대사의 균형을 맞춰 자궁근층이 조기에 활성화되지 않도록 조절한다. 양막이 합성한 프로스타글란딘 E2는 분만 초기에 자궁경부의 확장에 중요한 역할을 한다. 〈벌거벗은 진실〉의 아래쪽을 살펴보면 여인의 종아리를 감싸고 도는 검은 뱀 한 마리를 볼 수 있다. 뱀은 현명함과 동시에 관능을 상징한다. 또 뱀이 허물을 벗으면서 새롭게 변화하는 것처럼, 기존의 것을 버리고 새로운 세상을 창조하는 의미가 부여되기도 한다. 즉 기존의 틀을 벗어나 그 시대에 맞는 자유로운 예술이 만들어져야 한다는 클림트의 메시지가 들어 있다고 할 수 있다.

〈벌거벗은 그림〉 컬러 버전과 흑백 버전 모두에, 여인의 다리 양옆으로 활짝 피어 있는 민들레꽃이 보인다. 민들레 홀씨가 멀리 날아가듯, 자신들의 사상이 널리 퍼져 나갔으면 하는 소망을 담은 것으로 보인다. 흑백의 삽화는 분명히 민들레꽃이다. 그런데 유화로 그려진 민들레꽃은 보기에 따라선 정자로 보이기도 한다. 두 구조가 전혀 다른 것 같아 보이지만, 이들은 식물과 동물에서 생명을 다음 세대로 이어주는 생식기관이라는 공통점을 갖는다. 클림트

✣ 문국진, 《법의학, 예술작품을 해부하다》, 이야기가있는집, 2017.
✣✣ 생체 내에서 합성된 몸의 기능을 제어하는 호르몬 같은 물질이다.

는 분리파의 수장으로서 그 시대에 걸맞게, 당대에 알게 된 과학적 진실을 작품 속에 자연스럽게 표현하곤 했다. 그런 그가 자신들의 예술이 꾸준히 생산되어 나가기를 바라는 마음을 이 작품에 넣지는 않았을까?

〈벌거벗은 진실〉은 클림트가 생각하기 시작한 새로운 예술 세계를 웅변하는 내용이며, 이 그림 속 메시지는 이후의 작품 세계에도 드러난다.

검열은 끝났다

〈빈 대학교의 천장화University Scandal, Faculty Paintings〉, 1899~1907

빈 대학교 본관의 그랜드볼룸 천장은 오스트리아 화가인 프란츠 마치의 그림 두 점과 구스타프 클림트의 대형 그림 세 점으로 장식되어 있다. 1900년 전후 세기 전환기에 클림트가 이 그림들을 공개했을 당시 대중의 엄청난 비판이 있었는데, 이것은 20세기의 가장 큰 예술 스캔들 중 하나였다.

빈 도심지 재개발 사업 링슈트라세 계획으로 완공된 빈 대학교 본관 천장을 장식할 그림을 당시 유명한 예술가 컴퍼니 출신의 프란츠 마치와 구스타프 클림트가 맡게 된 것이 시작이었다. 그림의 전체적인 주제는 '어둠을 이겨낸 빛'으로서 당시 빈 대학교의 발전과 성취, 그리고 나아갈 방향을 보여주고자 했다. 그림 28에서 보는 바와 같이 중앙에 〈천지창조〉와 비슷하게 보이는 큰 그림이 있고, 가장자리 귀퉁이 네 곳에 신학, 철학, 의학, 법학을 표현한

그림 28 빈 대학교의 천장화

그림이 있다. 중앙의 큰 그림과 〈신학〉은 마치가 그렸으며, 〈철학〉, 〈의학〉, 〈법학〉은 클림트가 그렸다. 마치는 예술가 컴퍼니를 같이 운영했던 동료 예술가로서 당시 보수적인 귀족들의 취향을 잘 파악하고 있었고, 중앙의 그림과 〈신학〉을 무난하게 그려냈다. 마치는 주로 귀족들의 초상화를 많이 그렸고, 그로 인해 1912년 귀족 칭호까지 받는 등 동시대의 실력 있는 예술가로 활약했다. 반면 클림트는 주로 중산계층인 부르주아의 아내를 주로 그렸다.✣

〈철학 Philosophy〉

분리파의 수장 클림트의 그림은 대학 당국이나 빈 시민들의 예상을 벗어나는 파격적인 그림이었다. 그가 제일 먼저 제출한 그림은 〈철학〉이다. 통상적으로 라파엘로의 작품 〈아테네 학당〉 같은 분위기의 그림일 것이라 추측하였으나, 예상은 완전히 빗나갔다. 〈철학〉은 무한 공간을 배경으로 하여 몸부림치거나 포옹하는 벌거벗은 인간들을 쌓아 올린 기둥으로 채워져 있다. 이 작품은 1900년 제7회 분리파 전시회에 전시되었으며, 당시 전시 카탈로그에 따르면 "왼쪽의 인간 기둥은 생성, 생식, 소멸을 표현했고, 오른쪽은 수수께끼 같은 지구, 아래쪽에서 떠오르는 빛의 형상은 지식을 의미한다"고 되어 있다.

✣ 프랭크 휘트포드,《클림트》, 시공사, 김숙 옮김, 2002.

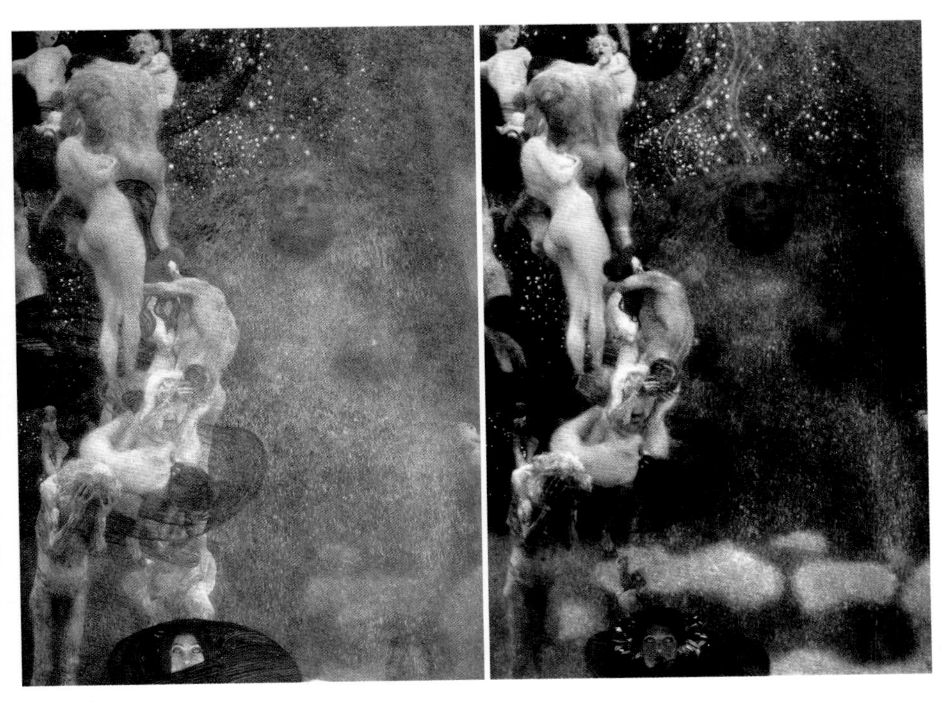

그림 29 왼쪽: **〈철학〉**의 흑백 사진, 오른쪽: AI로 복원한 사진

〈철학〉을 비롯한 클림트의 빈 대학교 천장화 〈의학〉, 〈법학〉의 원본은 1945년 제2차 세계대전 중 화재로 소실되어 현재는 당시에 찍은 흑백사진만 존재한다. 최근에 Google(R)과 벨베데레 미술관의 협업으로 AI 기반 학습을 이용하여 원래의 컬러 그림을 복원했다(그림 29).

그림의 중앙을 기준으로 오른쪽에 있는 사람 얼굴 같은 형상은 왼쪽 기둥 쪽의 인간세계에 무심한 것 같다. 왼쪽은 태어나서 성장하고, 사랑하여 아이를 낳고, 양육하고, 병들고 늙어가는 우리의 삶의 여정을 표현하고 있다. 에밀리 브라운 교수는 이 작품이 다윈의 《종의 기원》 마지막 문단에서 진화론적 사고의 위대함과 진화가 이루어진 시간에 대해 표현한 내용과 연결되어 있다고 해석한다.✣ 그림의 왼쪽은 자연과 투쟁하고 적응해가는 인간들의 생존 투쟁을 표현한 것이고, 오른쪽은 광활한 우주 속에 떠 있는 모호한 스핑크스를 통해 인간의 짧은 시간에 비견될 수 없는 ("이 행성이 회전하는 동안" 우주의 일원으로 진행되어 온) 진화의 장구한 세월과 신비를 표현하고 있다. AI로 복원된 그림을 살펴보면 오른편을 에메랄드 색상으로 표현해 신비감을 더했다.

참고로 〈철학〉에 녹아 있는 다윈의 생각을 좀 더 알아보기 위해 《종의 기원》 중 마지막 대미를 장식하는 문단을 인용한다.✣✣

> 처음에 몇몇 또는 하나의 형태로 숨결이 불어넣어진 생명이 불변의 중력 법칙에 따라 이 행성이 회전하는 동안 여러 가지 힘을 통해 그토록 단순한 시작에서부터 가장 아름답고 경이로우며 한계가 없는 형태로 전개되어 왔고 지금도 전개되고 있다는, 생명에 대한 이런 시각에는 장엄함이 깃들어 있다.

당시 빈의 관객들은 〈철학〉을 보고 다양한 반응을 보였다. 실제로 이 그림이 걸릴 빈 대학교의 교수들 대다수가 실망, 당혹, 거

✣ Braun E. Ornament as Evolution Gustav Klimt and Berta Zuckerkandle in Gustav Klimt: The Ronald S. Lauder and Serge Sabarsky Collections. edited by Renee Price. New York: Prestel Publishing; 2007.

✣✣ 찰스 로버트 다윈, 《종의 기원》, 사이언스북스, 장대익 옮김, 2019, 650쪽.

부감을 보였다. 87명의 빈 대학교 교수들이 작품 설치를 반대하는 청원서를 교육부에 제출하기도 했다. 그럼에도 불구하고 〈철학〉은 파리 국제 박람회에 출품되어 회화 부문 대상을 수상했다. 미술 작품으로서 가치를 인정받았는데도 불구하고 혼란이 야기된 이유는, 클림트가 당시 대중들의 통속적인 취향을 고려하지 않고 자신만의 방식으로 〈철학〉을 표현했기 때문으로 보인다.✣

〈의학 Medicine〉

〈철학〉을 전시한 다음 해인 1901년, 클림트는 제10회 분리파 전시회에서 〈의학〉을 선보였다. 〈철학〉의 맞은편에 놓이는 것을 고려하여 〈철학〉과 〈의학〉의 구성은 대칭적인 구조이다. 즉, 〈의학〉에서는 〈철학〉에서 왼쪽에 있었던 벌거벗은 사람들의 군상이 오른쪽에 위치한다.

우선 이 그림의 맨 앞부터 보면, 오른팔에는 뱀을 감고 있고 왼손에는 레테Lethe 강의 물을 담은 잔을 들고 있는 여신의 모습이 보인다. 이 여신이 의학을 상징하는 '건강과 위생의 신' 히기에이야Hygeia다. 위생을 뜻하는 영어단어 Hygiene이 이 신의 이름에서 유래하였다.

그리스 신화에 따르면 히기에이야는 의학의 신 아스클레피오

✣ 질 네레, 《구스타프 클림트》, 마로니에북스, 최재혁 옮김, 2020.

스Asclepius의 딸이고, 아스클레피오스는 의학을 관장하는 올림푸스의 신 아폴로Apollo와 테살리아Thessalia 지역의 공주 코로니스Coronis 사이의 아들로 태어난 반신반인의 존재였다. 아스클레피오스에게는 다섯 명의 딸이 있었는데, 각각 다음과 같은 임무를 관장하였다. 히기에이아는 위생, 이아소Iaso는 회복, 아케소Aceso는 치료, 아이글레Aegle는 화색, 판아케이아Panacea는 모든 이들의 치유이다. 이 다섯 딸은 모두 아버지를 도와 신전의 여사제로 일했다.

그림 30 왼쪽: 〈**의학**〉의 흑백 사진, 오른쪽: AI로 복원한 사진

히기에이아의 팔을 감고 있는 뱀은 치유의 뱀으로서 의학의 상징이다. 로마 작가 히기누스Hyginus 64 B.C.~14 A.D.는 아스클레피오스가 어떻게 뱀을 자신의 상징으로 사용하게 되었는지 신화에 근거하여 설명했다. 아스클레피오스가 죽은 글라우코스Glaucus를 살리라는 명령을 받고 비밀 감옥에 갇혀 무엇을 해야 할지 고민하던 중, 그의 지팡이에 뱀이 기어올랐다고 한다. 정신이 산만해진 아스클레피오스는 그 뱀을 여러 번 쳐서 죽였다. 그런데 또 다른 뱀이 약초를 입에 물고 와서 죽은 뱀의 머리에 얹자 죽은 뱀은 다시 살아났고, 두 마리의 뱀이 도망치는 것을 보게 된다. 아스클레피오스는 같은 약초를 사용하여 글라우코스를 다시 살아나게 했다.✣ 이 전통을 이어받아 세계보건기구, 대한의학회 등의 의료 단체들이 뱀이 지팡이를 감고 있는 상징을 로고에 사용하고 있다(그림 31). 현재 우리나라 대한의사협회의 로고는 두 마리의 뱀이 그려진 것을 사용하고 있는데, 이는 아스클레피오스가 아닌 '전령의 신' 헤르메스의 지팡이 카두세우스다. 19세기 북미의 의사들이 잘못 사용했던 것을 미국 군 부대가 사용하게 되었고, 한국전쟁에 많은 영향력을 미친 미군 의무부대의 포장에 사용된 이미지를 차용한 것으로 보인다. 현재 많은 관련 학자들의 논의 끝에 한 마리의 뱀으로 표현된 아스클레피오스의 지팡이를 의사의 상징으로 사용하기로 정리되어 대한의사협회도 휘장을 수정하고 있는 중이다. 그 노력의 일환으로 영어로 된 로고에는 이미 한 마리의 뱀을 사용하고 있다.

✣ https://mythopedia.com/topics/asclepius

아스클레피오스의 지팡이를 감고 있는 것은 뱀이 아니라, 기니아충(메디나충)이라는 기생충이란 이야기도 있다. 성체의 길이가 80센티미터 정도 되는 것도 있다고 한다. 학명으로 'Dracunculus Medinesis'로서, 아라비아 반도 및 서남 아시아에서 기승을 부린다. 유충에 감염된 물을 마시게 되면 유충이 소화관을 뚫고 나와 피부 쪽으로 이동하여 성체가 되는데, 이때 사람이 열감을 느껴 물에 들어가면 유충은 피부를 뚫고 나와 새 유충을 낳고 죽는다. 메디나충에 감염되어 열감과 가려움을 느끼는 환자의 피부에 의사가 막대기를 넣고 조심스럽게 돌려가면서 끊어지지 않게 성충을 제거하는 시술을 한다는 의미에서, 지팡이를 감고 있는 메디나충을 표현한 것이라는 설도 있다.

〈의학〉 그림을 보면서 한 가지 의문이 생긴다. 왜 위생과 건강의 신인 히기에이야가 레테의 잔을 들고 있을까? 레테는 망자가 건너는 마지막 강이다. 죽은 자들이 이 강물을 먹으면 이승에서의 기억이 모두 지워진다고 한다. 의학을 상징하는 신이자 반신반인으로 태어나 뛰어난 의술을 펼치다 죽어서 신이 된 아스클레피오스를 그리지 않은 이유는 무엇일까? 아스클레피오스의 딸들은 모

그림 31 세계보건기구, 대학의학회, 대한의사협회의 로고에 있는 아스클레피오스의 지팡이와 뱀

든 의술을 담당하는 것이 아니라 사람을 치료하는 몇 개의 기술만을 주관했다. 마치 아폴로가 태양, 음악, 예언, 의학 등 많은 역량을 발휘하는 신인데 그의 아들 아스클레피오스가 의학만을 관장하는 것과 같이…. 클림트는 이로써 당시 의학의 불완전함을 꼬집은 것은 아닐까?

다시 〈의학〉 그림을 보면, 마치 가면을 쓴 것처럼 표정을 읽기 어려운 냉정한 느낌의 히기에이아가 고통받는 군상을 등지고 서 있다. 치유의 여신 같은 모습은 보이지 않고 담담하게 인류의 고통을 목도하고 있는 듯하다. 이 장면에서 관객은 이것이 과연 "의학의 발전과 승리를 표현한 그림이 맞는가" 하고 의문을 갖게 된다. 이는 인간은 생로병사의 운명을 극복할 수 없으며, 의학은 불완전하다는 것을 보여준다. 최근 인류는 COVID19를 겪으면서 의학의 한계와 희망을 동시에 경험한 바 있다.

그럼 이번에는 뒤쪽을 살펴보자. 그림은 크게 오른쪽과 왼쪽으로 구분되고 그 사이에 커다란 생명의 강이 흐른다. 이 강으로부터 생명의 탄생과 죽음이 펼쳐진다. 허공에 인간 군상이 아무렇게나 뒤엉켜 있고, 이들 간의 교감은 없어 보인다. 마치 콩나물시루 같은 지하철을 같이 타고 가지만 다른 이들과 아무런 소통 없이 자기만의 길을 가는 사람들처럼.

그림 속의 오른쪽 군상을 자세히 살펴보면 신생아, 아동, 어린이, 청소년, 임신한 여자, 젖먹이는 엄마, 노인, 죽음(골격)이 그려져 있다. 진화론적 관점에 보면 이 역시 생존투쟁의 장에서 살고 있는 인간의 삶을 표현한 것이라고 볼 수 있다. 〈철학〉과의 차이점이라면, 의학이란 주제에 맞게 쇠약한 노인, 병든 사람, 죽음을 표현했다는 것이다. 그림의 왼쪽을 보면 실오라기 하나 걸치지 않은 나신으로 골반 부위를 앞으로 내민 채 정면을 향해 공중부양을 하고 있는 임신한 여인의 모습도 보인다.

이러한 장면이 현대를 살아가는 독자들에게도 그리 편하게 받아들여지는 것은 아니다. 오른쪽에 있는 벌거벗은 사람들의 군상을 보면서, 1900년 초 보수적인 성향이 강한 빈의 교수들과 정치가들이 왜 격렬하게 분노했는지 짐작된다. 심지어 검사들은 '공공도덕의 위반'이라는 이유로 〈의학〉의 소묘가 실린 잡지를 압수하라고 지시하기까지 했었다.✣ 의학계의 반발도 당연했다. 당시 세계 최고 수준의 의학을 자부하고 있던 빈 의대 교수들의 자부심과 미래를 보여주는 그림이 아니라, '의학적 노력으로 인간이 병으로 고통받는 것을 덜어줄 수는 있지만, 인간은 생로병사의 숙명을 벗어날 수 없는 존재라는 것을 분명히 하면서 의학의 한계를 묘사'하고 있으니 말이다.

21세기에 접어들면서 인류의 의학은 대단한 수준에 이르렀다. 인체의 유전자를 모두 해독하고, 심지어는 유전자를 조작하여 희귀병을 치료할 수도 있다. 다양한 약물이 속속 개발되면서 많은 질병을 치료할 수 있게 되었고, 의료계는 현대 의학에 대한 대단한 자부심을 갖게 되었다. 하지만 2020년에 시작된 COVID19로 인하여 수많은 생명을 잃었고, 의학의 불완전함을 깨달아 이를 채우

✣ 칼 쇼르스케, 《세기말 빈》, 글항아리, 김병화 옮김, 2014.

기 위해 많은 과학자들이 연구에 매진하고 있다. 인간은 거대 자연 앞에 끝없이 겸손해야 하는 존재인 것이다. 클림트는 1892년 당시 의학이 최고로 발달된 빈에서 아버지와 사랑하는 동생을 잃었다. 아버지와 동생의 사망 후, 클림트는 보호자로서 당시 의학의 한계를 실감했다. 그 과정에서 '삶이란 무엇인가'에 대한 깊은 통찰이 있었고, 이것은 이후 작품의 중요한 주제가 되었다.

〈의학〉 그림의 왼쪽을 보자. 공중에 떠 있는 여인의 발밑을 보니 갓난아기가 바구니 안에 들어 있다. 이 바구니를 자세히 살펴보자. 마치 태아막처럼 생긴 바구니에 갓난아기나 임신 말기의 태아가 담긴 것처럼 보인다. 이미 〈벌거벗은 진실〉에서 본 태아막의 형태임을 알 수 있다. 이 아기는 공중부양을 하고 있는 여자(산모)가 수태하거나 출산한 아기다. 그리고 왼쪽의 여자가 내민 팔과, 오른쪽에 등을 보이고 있는 강인해 보이는 남자의 팔이 강을 사이에 두고 펼쳐져 있다. 이들의 팔이 양쪽을 연결하는 다리 역할을 한다. 여기에는 인간이 질병과 죽음으로부터 벗어날 수 없지만, 남녀가 손을 잡고 자손을 낳아 영속적인 존재가 될 수 있음을 시사한다. 이 과정에서 여자는 핵심적인 역할을 맡는다.

오랫동안 인간의 탄생은 미켈란젤로가 그린 〈아담의 창조〉로 묘사되어 왔다. 즉, 창세기의 내용처럼 흙으로 빚은 인간에게 하나님이 생명의 기운을 불어넣어 아담을 창조한다. 이러한 내용을 반영하여 아담은 푸른 색깔을 띤 구름 위를 배경으로 앉아 있다. 탄생의 순간에도 불구하고 눈을 뜨고 손을 올려 하나님과 교감하려는 어른의 모습으로 표현되어 있다. 이렇게 생명 탄생의 신

그림 32 **미켈란젤로, 〈아담의 창조The Creation of Adam〉**, 1511, 230.1×480.1cm, 바티칸 시스티나 성당, 프레스코

비를 신의 뜻으로 설명하는 기독교적인 사고와는 달리, 클림트의 〈의학〉에서 인간을 창조하는 장면은 갓난아기(태아)가 푸른색 바구니로 표현된 자궁 안에 위치하는 것으로 묘사돼 있다. 인간은 신에 의해 창조된 것이 아니라 어버이로부터 태어나며, 핵심은 여성이고, 자궁임을, 따라서 여자가 생명 창조의 핵심적 힘을 가지고 있음을 암시한다. 이러한 내용을 간파한 종교계에서도 〈의학〉에 대한 강력한 비판이 일어났다. 하지만 주커칸들 교수는 클림트의 〈의학〉을 당대의 과학적 성취를 잘 반영한 그림으로 평가했다. 그는 〈의학〉이 다윈이즘과 발생학에 대한 이해를 바탕으로 그려진 그림이라고 옹호하였다.✣

〈법학 Jurisprudence〉

〈법학〉은 1903년에 공개되었다. 이 그림은 이전에 발표된 〈철학〉, 〈의학〉과는 결이 다른 형태이다. 3차원적이라기보다는 2차원적으로 느껴진다. 또 이전 작품보다 세밀하고 작은 아이콘들이 많이 활용되었다. 클림트의 전매특허인 황금빛도 두드러지게 나타난다. 그림의 구도 면에서도 〈철학〉과 〈의학〉이 좌우로 나누어진 구도를 보인 것과 달리, 상하로 나뉘어 그려졌다.

맨 아래쪽부터 그림을 살펴보면 커다란 문어 앞에 손이 뒤로 묶인 노인이 고개를 숙인 채 서 있는 걸 볼 수 있다. 노인은 벌거벗은 노쇠한 몸을 간신히 지탱하면서, 절망감으로 불안에 떨고 있다. 마치 취조를 당하거나 고문을 당하는 것 같은 장면이다. 이들 주변에 긴 머리 같은 배경으로 연결된 세 명의 여자들이 서 있다. 하버드 대학교의 문화사학자 칼 쇼르스케Carl schorske, 1915~는 고르곤과 같이 생긴 복수의 세 여신들을 법률의 관리자로 보고 있다. 또한 이들의 머리 타래가 그림의 아래쪽을 감싸 돌며 노인을 압박하고, 노인은 저항할 기력 없이 판결을 기다리는 것으로 본다.✣✣ 문어는 처형자이다.

눈을 위로 돌려 그림을 살펴보면, 심문을 하고 위협을 가하고

✣ Braun E. Ornament as Evolution Gustav Klimt and Berta Zuckerkandle in Gustav Klimt: The Ronald S. Lauder and Serge Sabarsky Collections. edited by Renee Price. New York: Prestel Publishing; 2007.

✣✣ 칼 쇼르스케, 《세기말 빈》, 글항아리, 김병화 옮김, 2014.

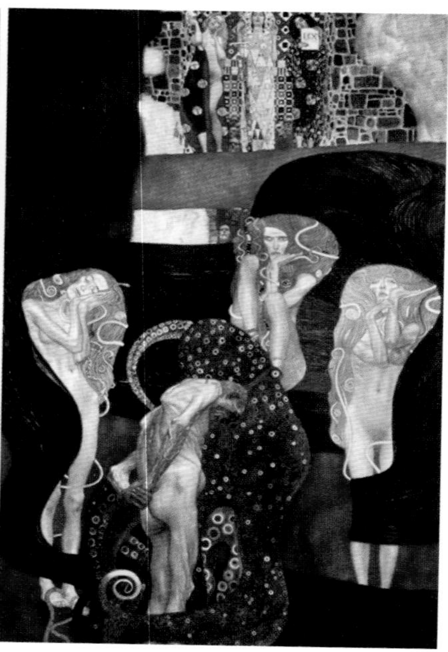

그림 33 왼쪽: **〈법학〉**의 흑백 사진, 오른쪽: AI로 복원한 사진
© Courtesy Google Arts & Culture

괴로워하는 아랫부분의 상황이 전혀 느껴지지 않는, 멀리 떨어져 있는 별개의 세상이 묘사된다. 특히, 이 부분의 그림은 확대를 해서 자세히 봐야 내용을 파악할 수 있도록 작게 묘사되어 있는데, 이것은 머릿속으로 생각하는 법과 현실에서 우리를 지배하고 있는 법이 거리가 있음을 꼬집는 듯하다.

부분 확대한 그림 34를 살펴보면, 장방형의 모자이크 무늬로 장식된 석조 원기둥과 벽으로 이루어진 질서 정연한 공간이 보인다. 맨 위에 우의적 그림으로 양식화된 기하학적 무늬 옷을 입은 세 명

그림 34 **〈법학〉**의 윗부분 확대 그림

의 여자가 등장한다. 왼쪽에 살짝 옷을 걸친 반라의 여자는 진실을, 천칭 형태의 칼자루를 들고 있는 여자는 정의를, 법전을 들고 있는 여자는 법을 상징하는 것으로 해석할 수 있다. 이 장치들로 인해 관람객은 〈철학〉이나 〈의학〉보다 좀 더 직관적으로 그림을 이해할 수 있다.

이 부분을 장식하는 다양한 아이콘들이 등장하는데, 기하학적 특징이 강한 도형은 법이 '자로 잰 듯이 사회를 정리하고 통제하는 규범'이라는 메시지를 담고 있다. 여자들의 허리 사이에 정사각형으로 채워진 빈틈없는 공간과, 좌우에 그려진 단단한 돌벽의 모습은 법의 견고함을 말해준다. 여자들 사이를 채우고 있는 정방형 무늬 아래의 작은 얼굴들을 살펴보자. 몸뚱이 없는 두상으로, 건조한 느낌이 든다. 이들이 심판관의 모습이다.

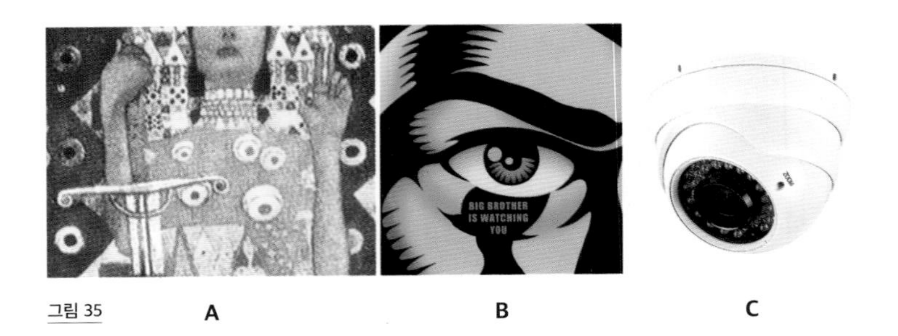

그림 35 A B C

중앙부에 칼을 들고 서 있는 여자의 가슴 부분을 장식하는, 검은 점을 포함한 둥근 모양의 방울(그림 35A)은 안구를 연상하게 하고, 요즘의 CCTV 카메라의 모습 같기도 하다(그림 35C). 마치 조지 오웰의 《1984》에 나오는 빅브라더의 출현을 클림트가 예견한 것 같다는 생각도 든다(그림 35B). 어쩌면 클림트가 실제로 경험하고 있었던 빈의 분위기를 이렇게 표현했을지도 모르겠다. 당시 빈의 검열 체계는 강력했고, 마지막까지 제국을 지키려는 노력은 집요했기 때문이다.

다시 아래로 내려가서 노인을 심문하고 있는 세 여자를 살펴보자(그림 36). 이들은 머리와 몸에 꾸불꾸불하고 꿈틀거리는 장식을 하고 있는데, 자세히 살펴보면 뱀의 형상이 관찰되기도 하고, 지렁이나 기생충의 느낌이 나는 구조물 같기도 하다. 이들 구조물 속에는 다양한 크기의 둥근 점과 사각형들로 채워진 무늬가 보인다. 이러한 그림들은 1882~1884년 사이에 전체 네 권으로 출판된 박물관학자 필립 레오폴드 마르틴**Phillip Leopold Martin, 1815~1885**의 《동물의 자연사**Illustrierte Naturgeschichte der Thiere**》의 삽화를 참조하여 그린 것으

그림 36 복수의 세 여신 확대 그림

로 보인다. 그림 36에 표현된 꾸불꾸불한 그림과 관련 있을 법한 삽화들을 그림 37에 정리하여 보았다. 이들의 형태가 복수의 여신을 장식하고 있는 기생충과 유사함을 알 수 있다.

이 중 '선충'같이 생긴 구조를 자세히 살펴보면 그 안에 점박이 무늬나 결 무늬가 채워져 있는 것이 보이며, 일부는 끝부분이 말려 있다. '복수의 여신'의 머리와 몸을 감고 있는 구조물과 유사함을 확인할 수 있다. 노인을 감시하고 있는 두족류의 괴물도 같은 책에 있는 문어의 그림(그림 38)으로부터 아이디어를 얻은 것으로 보인다.✣ 문어 다리의 빨판, 몸통의 무늬 그리고 눈의 형태가 클림트의 문어 괴물 그림과 닮았음을 알 수 있다. 클림트는 다양한 도서, 특

✣ Phillip Leopold Martin, Illustrierte Naturgeschichte der Thiere, Brockhaus, Leipzig 1882-1884.

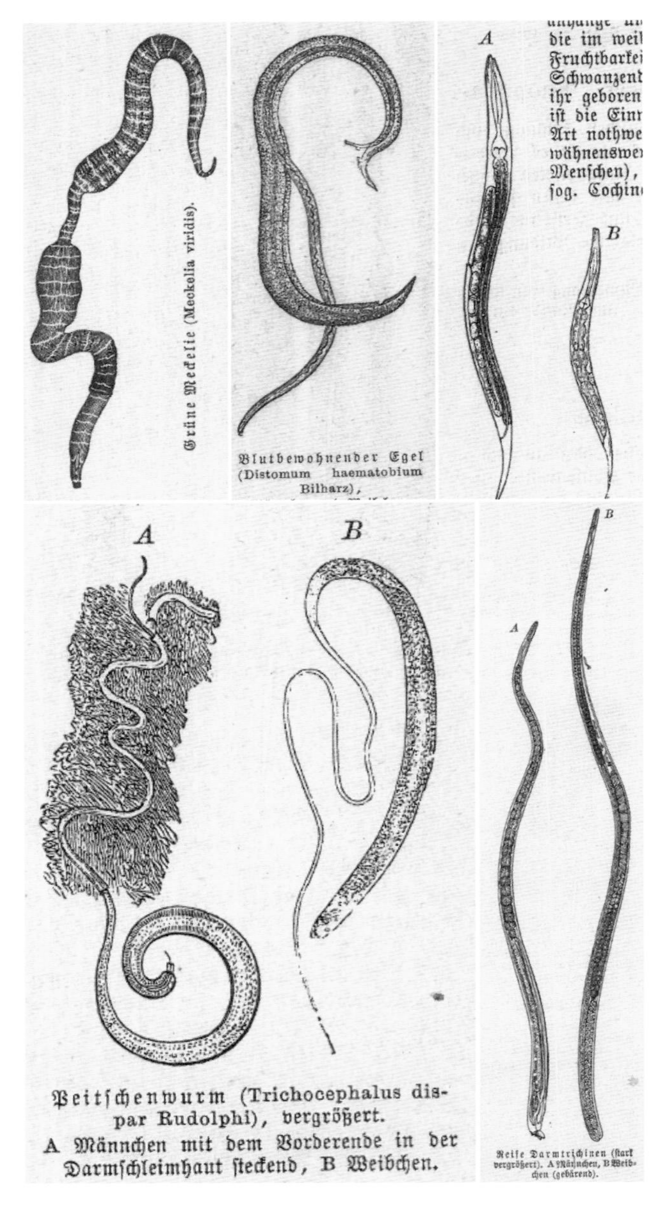

그림 37 《동물의 자연사》에 있는 기생충 그림

히 생물과 관련된 책이나 그림책 등을 참고하여 작품의 소재를 발굴하는 노력을 아끼지 않았다.

〈법학〉의 그림 내에서 클림트는 진화의 속성을 전개하고 있다. 아래쪽에 표현된 본능적 수준의 공격성과 위협, 폭력 등의 조절하기 힘든 에너지가 위쪽으로 올라가면서 감소하고, 질서 있는 사회적 규범으로 판단되고 정리되어 가는 체계를 보여준다. 그림에 사용되는 아이콘들도 유사한 전개를 보이는데 그림의 하단부에 위치한 것들은 선형, 곡선, 원초적 아라베스크 무늬를 보여주는 반면, 상단부에는 기하학적 무늬가 보인다.✣ 즉 상대적으로 미숙한 구조는 아래쪽에, 성숙한 구조는 위쪽에 배치하여 생물적인 개념뿐 아니라 감정과 이성의 통제까지도 포함되는 진화적 개념을 표현하고 있다.

〈법학〉의 그림을 전체적으로 정리하여 보자. 세부적인 항목에서 법과 관련된 그림이라는 것은 알 수 있으나, 문어와 복수의 여신들의 비중을 키워서 과도하게 법의 집행과 처벌 부분을 강조하고 있다. 그 때문에 법조인들을 비롯한 빈 교육부 당국은 강한 불만을 토로하였다. 어떤 평론가는 "법학을 그린 것이 아니라 형법만을 그린 것 같다"고 비평하기도 했다.✣✣ 더군다나 클림트가 최종적으로 제출한 작품이 제작 중에 빈 교육부와 협의했던 내용과

✣ Braun E. Ornament as Evolution Gustav Klimt and Berta Zuckerkandle in Gustav Klimt: The Ronald S. Lauder and Serge Sabarsky Collections. edited by Renee Price. New York: Prestel Publishing; 2007.

✣✣ 칼 쇼르스케, 《세기말 빈》, 글항아리, 김병화 옮김, 2014.

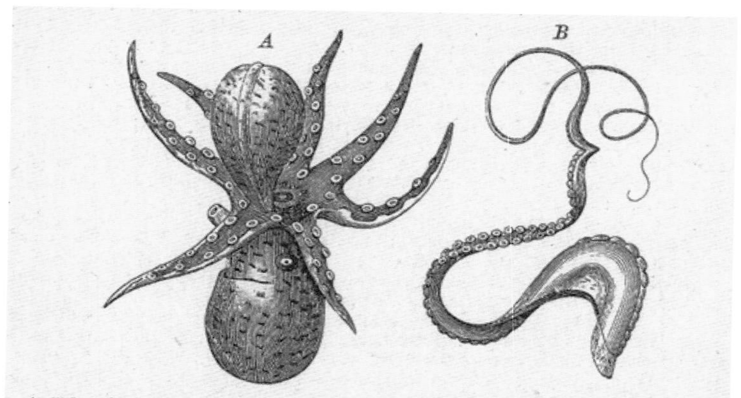

그림 38 《동물의 자연사》에 있는 문어 그림

많이 달라서 그 분노는 극에 달했다.

클림트가 그린 〈철학〉, 〈의학〉, 〈법학〉은 빈 사회의 엄청난 관심과 비평을 동시에 받았다. 이러한 사회적 압력에도 불구하고 1903년 11월에 열린 예술평가위원회는 이 그림들을 빈 대학교의 천장에 설치하는 대신 신 국립 근대 미술관에 상설 전시할 것을 결정했다. 설치를 준비하고 있던 1904년, 미국 세인트루이스에서 열리는 국제 박람회에서 클림트의 〈철학〉, 〈의학〉, 〈법학〉을 대여해달라고 요청하였으나, 장관은 외국 관람객들이 받게 될 인상을 우려하여 이를 거절하였다. 클림트는 클림트대로 자신의 작품 세계를 기존의 관념으로 재단하는 빈 사회에 분노했다. 결국, 우여곡절 끝에 클림트는 선불로 받은 작품 의뢰비를 후원자들의 도움을 받아 반납하고 〈철학〉, 〈의학〉, 〈법학〉을 자신의 것으로 온전히 돌려받았다. 그리고 도움을 준 후원자인 미술품 수집가 아우구스트 레데러에게 〈철학〉을 주었고, 〈의학〉과 〈법학〉은 친구이자 분리파 동료인 콜로만 모저가 구매하였다. 이 엄청난 소란을 경험한 클림트는 "검열은 이것으로 충분하다. 이제 국가의 지원은 모조리 거부할 것이다!"라고 선언하며 자신이 추구하는 예술의 길을 흔들림 없이 나아갔다.

대학 회화Faculty Paintings

: 화재로 인한 소실과 인공지능에 의한 복원

제2차 세계대전 중에 나치는 유럽 전역에 걸친 문화재 약탈 작전을 펼쳤고 그 일환에 클림트의 작품도 포함되었다. 〈철학〉, 〈의학〉, 〈법학〉을 포함한 여러 작품이 오스트리아 임멘도르프성Immendorf castle에 보관되었는데, 전쟁이 종료되기 하루 전인 1945년 5월 8일에 퇴각하던 나치의 친위대가 불을 놓아 소실되었다. 소실 전에 흑백사진으로 찍어둔 것이 남아 있어, 대학 회화에 대해 개략적인 이해를 할 수 있었다. 최근 벨베데레 미술관과 구글이 협력하여 인공지능 기반 기계 학습으로 원래의 컬러를 복원하는 데 성공했다.✣ 이 프로젝트의 이름은 "The Klimt Color Enigma"로 Google culture&art에 접속하면 자세한 과정을 살펴볼 수 있다.✣✣ 기본 데이터로 대학 회화에 대한 당대 저널리즘 설명, 100만 장의 현 세상의 컬러사진, 클림트 그림 컬러 복제품 80점이 사용되었다. 이를 기반으로 Google의 엔지니어가 인공지능을 이용하여 클림트가 대학 회화에 채색한 색상을 예측하는 알고리즘을 개발하였다. 컬러로 복원된 작품을 보니, 그동안 보지 못했던 많은 정보를 얻을 수 있었고, 색감이 주는 느낌까지 살아나서 실제에 가깝게 감상할 수 있었다. 인공지능이 우리에게 막연한 공포감만을 주는 것만은 아닌가 보다!

✣ 김동욱, 〈AI가 되살려낸 사라진 클림트의 색상〉, 《한국경제》, 2021.10.9.

✣✣ https://youtu.be/1xYpIM_BVTI

이렇게 멋진 선물도 인류에게 줄 수 있으니 말이다. 인공지능의 성패는 결국 사용하는 사람의 몫에 달려 있으리라.

그림 39 흑백 사진에 원래 색상을 복원하기 위한 인공지능의 학습 과정
© Courtesy Google Arts & Culture

여행의 시작

〈베토벤 프리즈The Beethoven Frieze〉, 1901~1902

〈베토벤 프리즈〉는 1902년 제14회 분리파 전시회에서 공개되었다. 당시 분리주의 명예회원으로 활동했던 유명한 조각가 막스 클링거Max Klinger, 1857~1920가 〈앉아 있는 베토벤상〉을 17년에 걸쳐 완성했기에, 이에 대한 경의의 표현으로서 전시회는 베토벤을 주제로 삼았다. 〈앉아 있는 베토벤상〉은 전시장 중앙에 설치되었다. 전시 주요 개념을 표현하는 가장 중요한 작품은 클림트의 〈베토벤 프리즈〉였다.✣ 프리즈는 건물이나 조형물의 윗부분을 띠 모양으로 장식하는 것을 말한다. 클림트는 〈베토벤 프리즈〉 외에 나중에 언급할 생명의 나무를 포함하고 있는 〈스토클레 프리즈〉도 그렸다. 그림 40은 〈베토벤 프리즈〉가 설치된 공간을 촬영한 사진이다. 작품이

✣ 마테오 키니, 《클림트》, 마로니에북스, 윤옥영 옮김, 2007.

그림 40 **〈베토벤 프리즈〉** 설치 사진

천장 바로 아래 띠처럼 배치되어 있고, 왼쪽부터 ㄷ 자로 설치되어 있는 것을 알 수 있다.

〈베토벤 프리즈〉는 베토벤 교향곡 9번 합창의 4악장 '환희의 송가'에서 영감을 받아 그린 그림으로 알려져 있다. 총 길이 2400센티미터, 높이 220센티미터의 벽화이다. 왼쪽 긴 벽으로부터 〈행복의 갈망〉, 〈약한 인간의 고뇌〉가 배치되고, 중앙의 좁은 벽면에는 〈적대적인 세력〉이 위치하고, 그다음 오른쪽 긴 벽에는 〈행복에의 갈망이 시에서 평안을 찾다〉, 〈예술, 낙원의 합창, 포옹〉이 순차적으로 배치되어 있다. 고통받는 인류 모두가 기대하는 행복의 갈망으로 시작하여, 인류를 위협하는 막강한 힘을 가진 적들을 황

그림 41 〈약한 인간의 고뇌〉

금 옷을 입은 기사가 물리치고, 난관을 극복해 이상향에 도달함으로써 천사들의 합창 속에 포옹과 키스를 하며 대단원의 막을 내리는 아름다운 이야기다.

〈베토벤 프리즈〉에는 어떤 생물학적 요소가 들어 있을까? 이 그림은 〈법학〉과 같은 시기에 그려져 작품의 구성이나 소재의 발굴에서 유사성을 찾을 수 있다. 먼저 〈약한 인간의 고뇌〉를 보자(그림 41). 왼쪽에 있는 나약한 인간들이 황금 옷을 입은 기사에게

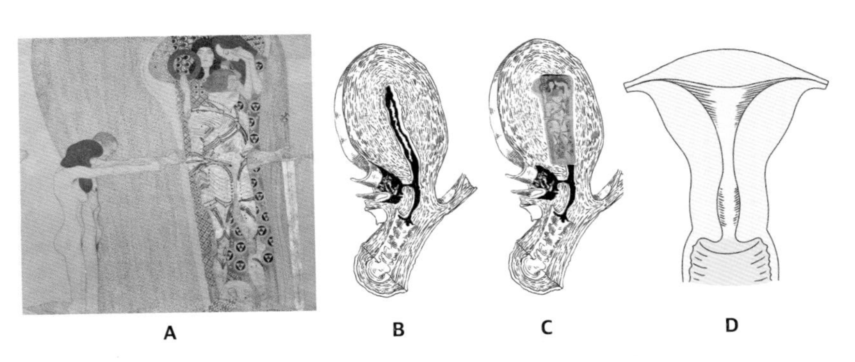

그림 42 **〈약한 인간의 고뇌〉**의 기사가 자궁에서 태어남을 해부학적으로 추론한 그림(A:그림 원본, B: 자궁 좌우단면, C: 자궁 공간 속 기사, D: 자궁 앞뒤단면)

출정하여 행복을 가져다 달라고 간청한다. 이 기사의 머리 위에서, 화관을 든 여인과 두 손을 모아 기도하는 여인이 기사의 승리를 기원하고 있다. 기사가 들고 있는 칼을 보자. 어디선가 본 그림이 아닌가? 바로 〈법학〉의 정의를 상징하는 여인이 쥐고 있는 칼이다.

기사를 감싸고 있는 종 모양의 구성을 보자(그림 42A).

자궁의 단면도를 보는 느낌이 든다. 자궁벽 단면의 질감을 표현한 부분과 그 안의 자궁 공간에 기사가 존재하는 모습을 연상케 한다. 인간을 구원하는 전능한 힘을 가진 기사의 탄생을 그렸다고 할 수도 있겠다. 그림 42B는 사람의 자궁을 좌우로 자른 단면의 모습으로, 자궁 공간과 주위를 싸고 있는 자궁벽의 질감이 표현되어 있다. 자궁 공간에 기사의 그림을 편집하여 그림 42C와 같이 넣어 보았다. 그림 42D는 대부분의 교과서에 나오는 자궁 단면인데, 자궁을 앞뒤로 자른 것을 도식화한 것이다.

해부학의 역사에서 기관의 단면도를 처음으로 적극적으로 활

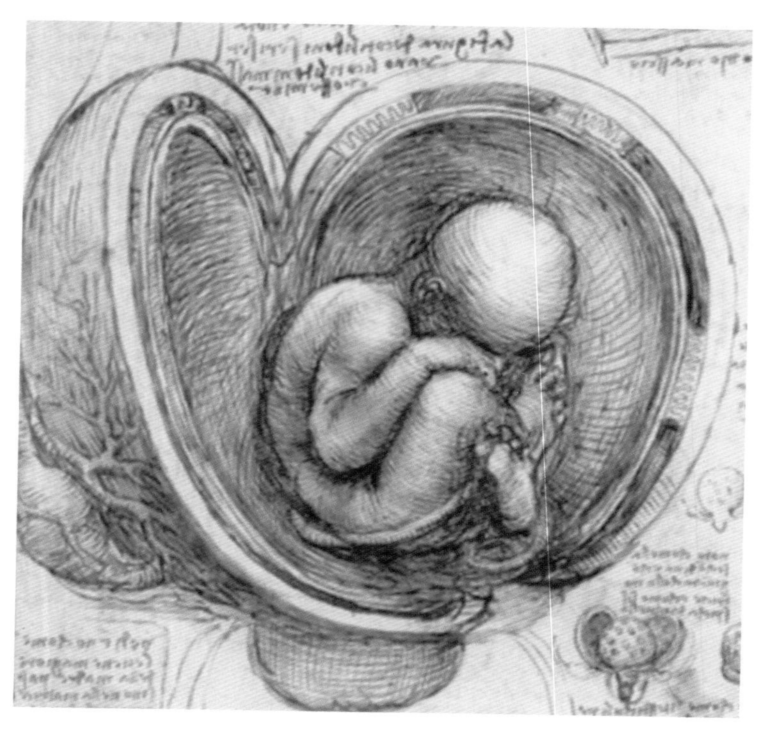

그림 43 다빈치가 그린 자궁 내 태아

용한 인물은 레오나르도 다빈치Leonardo da Vinci, 1452~1519이다. 다빈치는 공학적인 개념이 뛰어나 당시로서는 혁신적인 기계를 설계하였다. 다빈치는 개체를 설명할 때 다양한 시야에서 표현하였고, 단면의 정보가 개체의 속성을 이해하는 데 중요하다는 사실을 알았다. 다빈치가 그린 자궁 내 태아를 보면 자궁의 단면과 자궁 공간 내의 태아, 태아막을 묘사하고 있음을 알 수 있다(그림 43).

다음으로 〈적대적인 세력〉을 보자(그림 44). 이 그림은 인류를 괴

롭히는 인류의 적을 표현하고 있다. 왼쪽을 보면, 〈법학〉에서 본 듯한 세 명의 악녀가 보인다. 이 그림이 〈법학〉과 거의 동시에 그려진 그림이란 것을 알 수 있다. 다음으로 고릴라 얼굴을 한 괴물 티포에우스Typhoeus, 그 오른쪽에 무절제 등으로 인간의 발전을 가로막는 요소들이 세 여자로 표현되어 있다. 이들의 오른쪽 아래에 티포에우스에게 희생당해 백골이 된 해골이 보인다. 그다음으로 좌절과 연민을 상징하는 여자가 희망 없이 서 있고, 그 후반부를 여러 겹으로 둘둘 말린 뱀들의 꼬리가 메우고 있다.

그림 45는 왼쪽을 확대한 것이다. 여기에 보이는 세 명의 악녀는 고르곤 세 자매로 질병, 광기, 죽음을 상징하는 괴물이다. 그리스 신화에 언급된 것 같이 클림트는 이들의 머리를 황금색의 기생충 또는 뱀으로 장식했다. 그림의 중앙에 고릴라의 형상을 한 괴물이 보이는데, 이는 그리스 신화에서 신마저 쓰러뜨린 티포에우스란 엄청나게 거대한 괴물이다. 티포에우스는 그리스 신화에서 가장 강하고 무서운 힘을 가지고 있으며, 상반신은 인간이고 하반신은 뱀의 모습을 한 반인반수의 괴물이다. 상반신은 인간이지만 눈에서 불을 뿜어내는 100마리 뱀(혹은 용)의 머리가 어깨와 팔에 솟아나 있고, 하반신은 똬리를 튼 거대한 뱀의 모습을 하고 있다.✣ 그림 45에서 티포에우스의 오른쪽에는 음욕, 외설, 방탕을 상징하는 세 여인이 등장하여 인류를 유혹하고 인간의 행복으로 가는 길을 막는 악당의 역할을 한다.

✣ https://terms.naver.com/entry.naver?cid=58143&docId=3398258&categoryId=58143

그림 44 〈**적대적인 세력**〉

그림 45 〈**적대적인 세력**〉 왼쪽 부분 확대

클림트가 티포에우스 같은 괴물을 형상화하는 과정을 생각해 보면, 분명히 그리스 로마 신화에서 아이디어를 얻었음을 짐작할

그림 46 인간의 진화 계통도 상위 일부

수 있다. 흥미로운 것은 그리스 신화에는 티포에우스의 상반신은 사람, 하반신은 뱀으로 되어 있다고 했는데, 얼굴을 보면 사람의 얼굴이 아니라, 고릴라에서 따온 부분과 오랑우탄에서 따온 부분이 보인다. 고릴라, 오랑우탄, 사람 모두 영장류에 속하며, 꼬리가 없는 유인원에 해당되는 동물군이다. 당시 클림트가 서재에 비치했던 《동물의 자연사》에서도 고릴라, 오랑우탄이 매우 가까운 페이지에 배치되어 있고, 헤켈이 그린 진화 계통수 그림에도 이들이 인간 바로 아래 위치하고 있다(그림 46).✣

좀 더 자세히 살펴보자. 클림트는 그림 47에 보이는 것과 같이 진화적으로 가까운 고릴라와 오랑우탄의 모습으로부터 티포에우스의 얼굴을 구상하였고, 하반신은 다양한 뱀의 무늬를 차용하여 새로운 생명체를 탄생시켰다.

✣ Stem tree of humankind, 1874, In: Anthropogenie oder Entwickelungsgeschichtedes Menschen, 1874 plate XII.

그다음으로 〈예술, 낙원의 합창, 포옹〉을 보자.

적대적 세력과의 투쟁이 끝나고, 그림은 건물의 다른 면으로 전환된다. 〈행복에의 갈망이 시에서 평안을 찾다〉라는 제목의 그림을 시작으로, 험악한 세상을 떠돌던 인간이 예술의 힘으로 기쁨과

그림 47 《동물의 자연사》 삽화와 티포에우스의 디자인. 고릴라와 오랑우탄의 특징과 티포에우스의 얼굴, 뱀들의 다양한 표면 무늬와 티포에우스의 몸통과 꼬리 부분

그림 48 〈예술, 낙원의 합창, 포옹〉

평화와 순수한 사랑이 지배하는 이상향으로 옮아가는 과정이 그려진다.[✣] 천사들의 환희의 송가가 합창되고 따스한 포옹과 키스의 장면으로 마무리된다.

여기에서의 포옹과 키스는 남녀 간의 에로틱함이 아니라 인류애적인 것이다. 베토벤 교향곡 9번 합창 가사는 독일의 유명한 시인 실러가 쓴 환희의 송가인데, 그 마지막 부분의 내용은 이러하다.

"서로 껴안으라, 백만이여! 온 세상에 이 입맞춤을!"

이것을 클림트가 그림으로 그려낸 것이다. 이 작품에서 마지막

✣ 마테오 키니, 《클림트》, 마로니에북스, 윤옥영 옮김, 2007.

포옹 장면의 주위를 살펴보면 〈약한 인간의 고뇌〉에서 기사를 감싸고 있는 자궁의 형태를 다시 한번 보게 된다. 즉, 모태를 향한 영웅의 귀환, 떠날 수 없는 어머니의 자궁으로 돌아오는 여행의 끝을 의미한다. 그리고 포옹하고 있는 남녀의 발목을 감싼 태아막은 이들을 운명적으로 묶어주고 있다. 따스한 어머니의 품속에서 이들은 희망에 찬 새로운 세상을 꿈꾼다.

〈베토벤 프리즈〉에서 클림트의 부모로부터 물려받은 재능이 꽃피운 것 같다. 금 세공사인 아버지로부터 금을 잘 다루는 능력을, 오페라 가수 지망생이었던 어머니로부터 음악적 재능을 물려받은 클림트가, 베토벤의 곡을 잘 이해하고 해석해 음악과 예술을 아우르는 성공적인 종합예술 작품을 만들어낸 것이다. 〈베토벤 프리즈〉는 클림트가 예술가로서 발전하는 데 중요한 이정표였을 뿐만 아니라, 유겐트슈틸 사상의 핵심 요소였던 토탈아트의 개념을 훌륭하게 보여주는 작품이었다. 이제부터 클림트의 황금기가 열리기 시작한다.

욕망과 발생

〈키스The Kiss〉, 1907~1908

〈키스〉의 그림 제목은 못 맞출지라도, 이 그림을 안 본 사람은 거의 없을 것이다. 2019년 국제적인 뉴스매체 CNN은 전 세계인을 대상으로 설문을 하여 세계에서 가장 유명한 그림 10선을 선정하였다. 〈모나리자〉가 1위를 차지했고, 〈키스〉는 6위에 올랐다. 작품의 예술성이나 가치는 별개 문제로 하고 클림트의 〈키스〉는 대중적으로 아주 유명한 그림이다(그림 49).

이 작품은 1908년 5월에 빈 미술전에서 대중에게 공개되었는데, 클림트가 처음 붙인 제목은 〈연인Liebespaar, Lovers〉이었다. 관객들이 황금빛 배경에서 막 키스를 하는 연인들의 황홀경에 홀려 〈키스〉라고 부르게 된 것이다.

이 그림은 일단 금박과 은박이 많이 쓰여 물리적으로 관객을 압도하는 면이 있다. 황금빛을 배경으로 한 것을 보면, 〈베토벤 프리

그림 49 〈**키스**The Kiss〉, 1907~1908, 180×180cm, 빈 벨베데레 미술관, 캔버스에 유채 및 금은박

즈〉의 마지막 장면의 구성을 기반으로 발전적으로 그려낸 것으로 보인다. 꽃이 만발한 초원 위에 무릎을 꿇고 막 입맞춤하려는 한 연인의 순간을 묘사했다. 이미 여자는 황홀경에 빠져 있고, 그 황홀한 느낌이 관객에게도 전달된다. 남자의 망토를 보면 금색, 은색, 검은색의 직사각형이 세로로 배치되어 남성성을 보여주고, 여

자의 옷은 여성의 생식력을 상징하는 원형과 타원형의 문양들을 포함한다. 미술사학자 알레산드라 코미니Alessandra Comini, 1934~는 이러한 내용을 "원 형태와 수직형의 화려한 교합 속에서 아름답게 펼쳐지는 욕망의 상호 관계의 궁극적인 절정"이라고 평했다.✣

이 작품은 전시회가 끝나기도 전에 오스트리아 황실에서 구매하였다. '대학 회화' 사건으로 불편한 관계가 유지되었던 클림트의 작품을 곧바로 구매한 것은 매우 흥미로운 점이다. 이 작품의 어떤 점이 오스트리아 당국의 마음을 움직였을까? 금빛과 값비싼 재료는 이 그림에 숨 막히는 듯한 독특한 분위기를 더해준다. 이 작품의 아우라는 검열을 피하는 수단이 되었을 뿐 아니라 대중의 열광적인 찬사를 끌어냈다. 이러한 성공을 통해 클림트는 현대 미술의 공헌자로 인정받게 되었다.✣✣

2021년 11월에 미국의학회지JAMA에 "Gustav Klimt's The Kiss-Art and the Biology of Early Human Development"라는 제목의 논문이 발표되었다.✣✣✣ 참고로《JAMA》는 미국의학회에서 발간하는 주간 학술지로 세계 의학 분야 3대 학술지이다. 인용지수는 과학종합지로 잘 알려진《셀》,《네이처》,《사이언스》를 상회한다. 이 논문의 제목을 정리하면, "클림트의 〈키스〉는 사람 발생의 초

✣ Alessandra Comini, Gustav Klimt (New York: George Braziller, 1975).

✣✣ 질 네레,《구스타프 클림트》, 마로니에북스, 최재혁 옮김, 2020.

✣✣✣ Kim DH, Park H, Rhyu IJ. Gustav Klimt's The Kiss-Art and the Biology of Early Human Development. JAMA. 2021 Nov 9;326(18):1778-1780. doi: 10.1001/jama. 2021.14307. PMID: 34751732.

기 내용을 예술적으로 표현하고 있다"는 내용이다. 이미 1부에서 발생학의 역사를 간략히 살펴본 바와 같이, 발생학의 역사에서 수정 후 아이가 태어나기 위해서는 정자와 난자가 모두 참여한다는 사실이 오랜 연구 끝에 밝혀졌다. 1900년대를 목전에 두고, 독일어권 과학자들이 확립한 사실이다. 이러한 내용을 클림트가 예술적으로 잘 소화하여 〈키스〉라는 작품에 녹여내었다.

〈키스〉에서 발견되는 남성성 그리고 정자

❖

〈키스〉 그림을 확대해서 살펴보자(그림 50). 남성성을 상징하는 부분은 남자의 옷에 표현되어 있다. 클림트는 세로로 긴 직사각형을 남성의 성기 모양의 상징으로 써왔다. 따라서 남자 옷에 표시된 검은 직사각형이 남근을 상징한다고 볼 수 있다. 이 부분은 다음에 설명할 〈다나에〉의 그림을 보면 동의하게 될 것이다.

또한 클림트는 정자의 형태를 스타일리시한 도식으로 표현하였다. 여자의 옷을 살펴보면 도라지꽃 같은 다각형이 많이 관찰된다. 좀 더 자세히 보면, 이 다각형에 물결치는 듯한 꼬리가 붙어 있는데, 이것이 광학 현미경으로 관찰되는 200~400배 확대된 정자의 모습이다(LM). 이미 19세기에는 광학 현미경 기술이 충분히 발달되어, 이 정도의 영상을 얻을 수 있었다.

정자의 이미지가 다른 곳에서도 포착되는데, 이것은 매우 놀라운

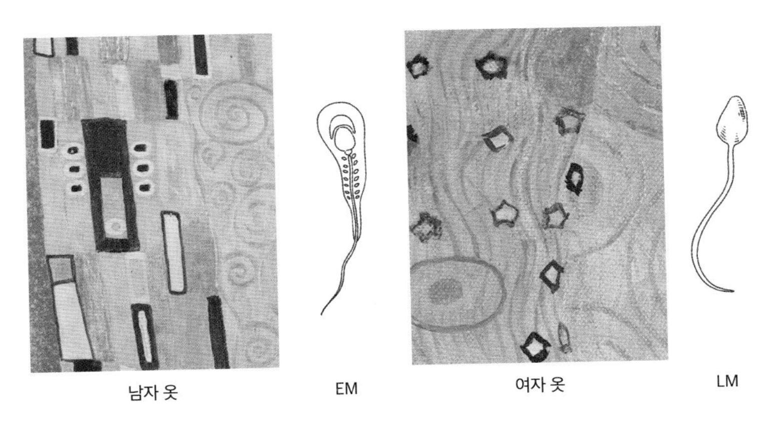

그림 50 〈**키스**〉에서 발견되는 남성성 그리고 정자

발견이다. 다시 남자 옷 쪽을 살펴보자. 일부 속이 비어 있는 검정 직사각형 주위에 흰색으로 둘러싸인 검은 점들이 보인다. 얼핏 보면 다양한 배경 처리용 무늬라고 생각하기 쉬운데, 전자 현미경을 이용한 생물 조직을 분석하는 사람들은 이것이 마치 '전자 현미경으로 관찰했을 때 정자의 목 부분을 감싸고 있는 미토콘드리아와 같다'고 생각할 것이다. 그림 오른쪽에 최신의 전자 현미경으로 촬영한 정자의 모습을 스케치 형태로 그렸다(EM). 머리 부분에는 핵이 보이고, 그 위쪽에는 수정에 사용될 효소들을 포함하고 있는 첨단체가 보인다. 머리 아래에 붙은 목 부분에서 좌우로 반복되는 검은색의 원형 구조물이 보이는데, 이것이 미토콘드리아다. 이 미토콘드리아는 생물학적 에너지인 ATP를 생산하여 정자가 꼬리를 운동시켜 생식관을 통과해 최종적으로 난자에게 접근할 수 있게 한다.

이상한 것은, 전자 현미경이 1931년에서 1933년에 걸쳐 독일

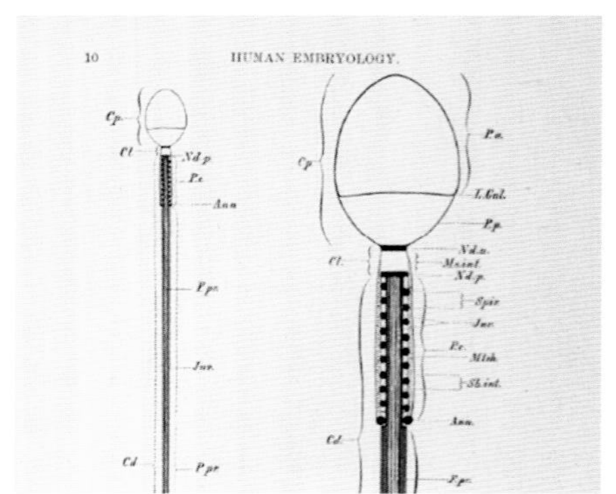

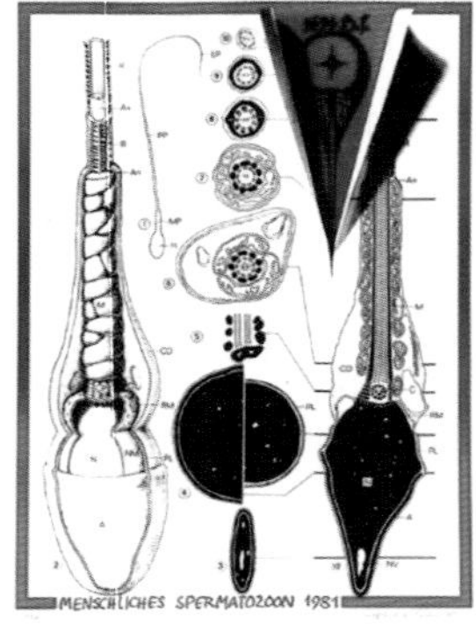

그림 51 메브스 박사가 그린 고해상도 광학 현미경 그림과 전자 현미경 사진으로 제작된 아트 포스터(홀스테인 박사 제공)

의 과학자 에른스트 루스카Ernst Ruska, 1906~1988에 의해 발명되었는데,[✣] 〈키스〉는 1908년에 그려진 그림이라는 점이다. 알고 보니, 이미 당대에는 정밀한 관찰을 한 과학자가 존재했었다. 바로 프레드릭 메브스Frederic Meves, 1868~1923이다. 그는 1899년에 놀랍게도 광학 현미경 관찰을 통하여 전자 현미경으로 관찰한 듯한 정밀한 정자를 그렸다(그림 51).

왼쪽 그림이 메브스 박사가 광학 현미경을 관찰하여 그린 그림이다. 당시 최신의 조직 염색 기법과 현미경을 이용하여 정자를 관찰했다.[✣✣] 미토콘드리아에 해당되는 그림을 그렸으나, 그것이 미토콘드리아라고 지목하지는 못했다. 흥미롭게도 메브스 교수는 1904년에 식물 세포를 관찰하다가 미토콘드리아의 존재를 보고

✣ https://en.wikipedia.org/wiki/Ernst_Ruska

✣✣ Holstein AF. Eröffnungsrede. Ann Anat. 1994;176:485-496.

하기도 하였다.

오른쪽은 정자 형태 연구의 권위자인 독일 함부르크 의대 해부학 교실 홀스테인 명예 교수의 그림이다. 그는 1994년 독일어권 연례 해부학회에서 진행된 기조연설 도중 "메브스 박사가 그린 정자의 그림은 너무나 훌륭해서 거의 40년간 거의 모든 교과서에 인용되었다"고 언급하였다.

오른쪽 그림엔 정자 형태에 대한 역사적 고찰이 포함되어 있다. 맨 위쪽에 역삼각형으로 들춰진 빨간색을 배경으로 한 그림이 있다. 인간 발생의 가설 중 하나였던 '정원설'의 아이콘, 즉 '호문쿨루스(축소 인간)가 정자의 머리에 자리 잡고 있다'는 상상력에 과학적 관찰을 더한 니콜라스 하르트수커✣의 그림이다. 이 삼각형의 오른쪽에는 정자를 종단면으로 자른 투과 전자 현미경 그림이 있고, 아래쪽에는 진한 검정색으로 보이는 타원형의 정자 핵, 그 끝에 뾰족하게 끝나는 첨단체가 있다. 다시 위쪽으로 올라가 보면 정자의 목 부분이 보이는데 양쪽에 미토콘드리아가 작은 구슬 모양으로 위치한다. 이 부분은 이미 메브스 박사가 광학 현미경으로 멋지게 포착하여 발표했고, 클림트가 이 그림을 참고하여 〈키스〉에 그려 넣었다. 그리고 그림 가장 왼쪽에 입체적인 형태가 보이는데, 전자 현미경으로 얻은 단면 사진들을 기반으로 정자를 3차원적인 형태로 재구성한 것이다.

✣ Lawrence, Cera R., "Nicolaas Hartsoeker(1656-1725)", Embryo Project Encyclopedia, 2008.09.26.

〈키스〉에서 발견되는 여성성 그리고 난자

〈키스〉에서 여자의 옷에는 난자가 곳곳에 배치되어 있다. 황금색을 배경으로 파란색 경계가 그려지고 속은 노란색으로 채워진 원들이 많이 보인다. 이것이 난자의 형태이다. 마치 계란을 깨었을 때 보게 되는 형태와 유사하다(그림 52A).

정자들이 여자의 옷에 그려진 난자와 난자 사이의 공간을 채우고 있다고 설명한 내용을 다시 한번 확인할 수 있다. 그림 52B는 그림 52A의 빨간 원 부분을 확대한 모습이다. 당대에 출판된 헤켈의 책에 그려진 그림(그림 52C)과 한번 비교해보자. 두꺼운 파란 선으로 난자의 막을 표시하고 있다. 안쪽을 살펴보면 황금빛 노란색이 보이고, 가운데 부분에 어두운 노란색이 관찰된다. 황금빛 노란색은 난자의 세포질로서 수정 후에 배아의 영양분으로 사용될 것이다. 가운데에 어두운 노란색으로 표현된 부분이 핵Nucleus이다. 이 핵에는 염색체가 뭉쳐져 있고, 주로 DNA 유전 정보가 내재해 있다. 핵의 중앙 부분에 파란색 점을 찍어 표현한 부분이 인Nucleolus을 표현 부분이다(그림 52C의 화살표). 인에는 유전자 정보를 생명현상 조절에 필요한 단백질 정보로 바꾸기 위한 RNA 덩어리와 관련된 물질들이 뭉쳐 있다.

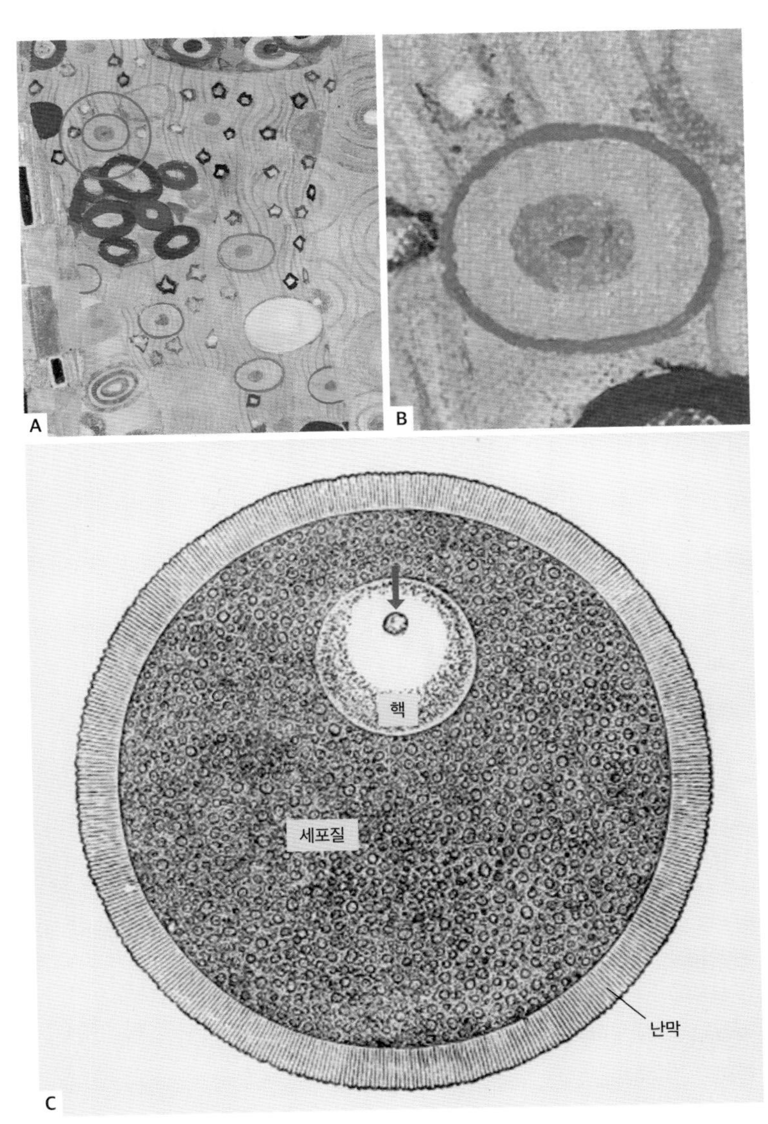

그림 52 A: 여자의 옷에 그려진 둥근 모양의 난자들, B: A의 빨간 원 부분 난자를 확대, C: 헤켈의 책에 그려진 고해상도 난자 그림

난자는 어디에서 만들어질까?

발생학 역사 부분에서 살짝 언급하였지만, 정자가 발견되고 나서도 포유류의 난자를 찾는 데 150년이나 걸렸다. 그 이유는 난자는 난소에 위치하고 있다가, 꼭 필요한 순간에만 배란되어 나오기 때문이다. 난소는 골반에 위치한 자궁의 자궁관(나팔관) 양쪽 끝에 있는 내분비 기관이자, 생식기관이다(그림 53A의 화살표). 난소는 난자를 생성하고, 여성 호르몬인 에스트로겐과 프로게스테론을 분비하여 이차성징 발현과 여성의 생식 주기, 임신을 유지하는 일에 중요한 역할을 수행한다. 발생 초기 난소에서 이미 난자의 조상인 난조세포가 세포분열하여 평생 동안 사용할 1차 난모세포✣를 생성한다. 신생아는 약 200만 개의 1차 난모세포를 가지게 되고, 청소년기가 되면 4만 개 정도만 남는다. 출생 전에 시작된 제1 감수 분열은 사춘기가 되어 배란이 시작될 때까지 멈추어 있다. 난포가 커지고 배란이 일어날 때 제1 감수 분열 과정이 종료된다.

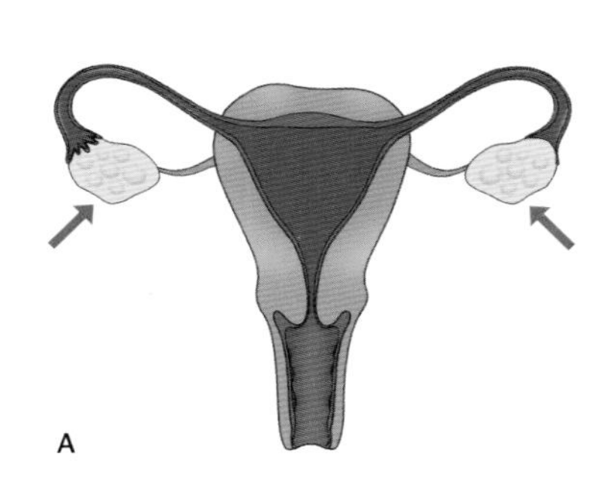

그림 53B는 난소의 단면을

✣ 난자의 발생은 원시종자세포가 난소에 진입하면서 난조세포로 분화하며 시작된다. 이 난조세포가 유사분열을 계속하여 1차 난모세포를 생성한다. 1차 난모세포는 세포분열을 하여 2차 난모세포, 성숙 난모세포가 되어야 수정이 될 수 있다.

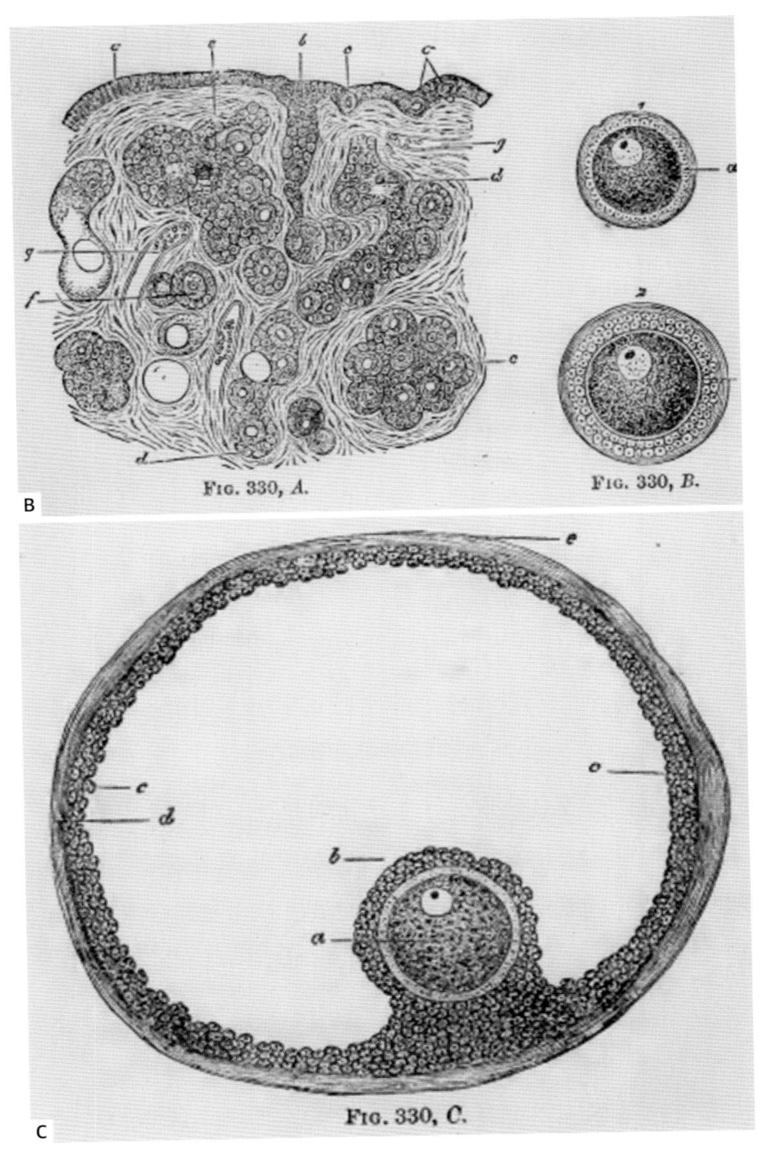

그림 53 난소는 난자가 생성되고 성장하는 기관이다.

광학 현미경으로 본 그림이다. 난소의 겉부분은 질긴 막으로 싸여 있고, 그 안쪽을 보면 다양한 크기의 주머니로 싸인 1차 난모세포들이 보인다. 난포가 충분히 커지면 그림 53C와 같이 커다란 주머니 안에 난자가 위치하는 것이 보이는데, 이것을 성숙난포Graafian Follicle라고 부른다. 배란 때는 난자가 성숙난포와 난소 벽을 뚫고 복강으로 배출되는데, 이 과정에서 복막 안으로 약간의 출혈이 발생한다. 이때 일부 여성들은 아랫배에서 갑작스러운 통증을 느끼기도 한다.

〈키스〉에서 발견한 수정 장면

생명체의 수정 과정에서 정자와 난자가 어떤 역할을 하는지 정확히 알게 된 것은 20세기가 시작되기 바로 전이다. 〈키스〉에는 당대의 의사들이 발견한 발생학에 대한 이해가 묘사되어 있다. 클림트는 어쩌면 〈의학〉에서 의학에 대한 한계를 꼬집었다면, 〈키스〉에서는 의학 발전에 대한 존경심을 보였는지도 모르겠다. 앞서 그림 52A를 자세히 다시 보면 대부분의 난자를 감싸고 있는 막이 파란색으로 그려진 것을 알 수 있다. 그런데 유독 단 하나의 난자만 주황색으로 표현되었다. 확대해서 보면 그림 54와 같다.

확대된 부분 사진의 왼쪽에 파란색으로 그려진 난자 근처에는 정자의 수가 그리 많지 않다. 반면, 주황색으로 그려진 난자 주위

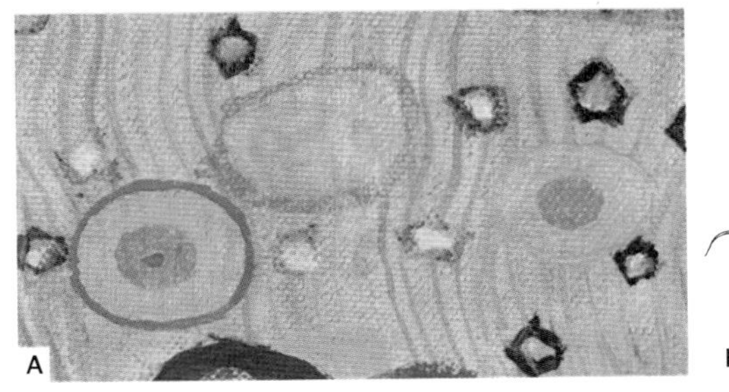

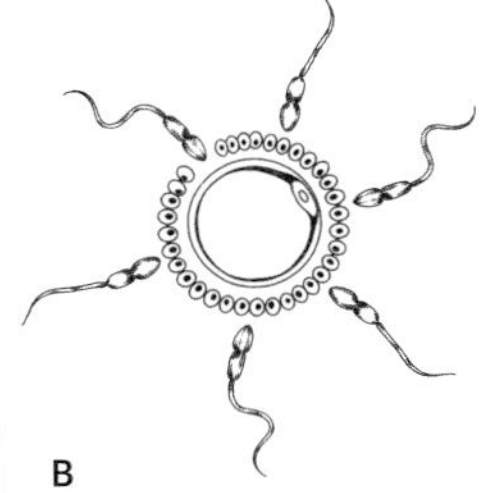

그림 54 수정되지 않은 난자(파랑)와 수정된 난자(주황)

에는 많은 정자들이 모여 있다(그림 54A). 요즘의 발생학 교과서에 흔히 사용되는, 수정 과정을 도식화한 그림 54B를 보면, 분위기가 주황색 난자 부근과 유사하다.

수정하기 위해서는 많은 수의 정자가 필요하다. 요즘 아이를 갖고 싶은데 임신이 되지 않는 난임 부부들이 병원에서 상담을 받는다. 그 중요한 원인 중 하나가 정자의 수가 충분하지 않다는 것이다. 난자까지 도달한 정자들은 머리 첨단부에 있는 효소들을 분비하여 난자를 두껍게 싸고 있는 막을 녹여내어 길을 만든다. 열린 길을 따라 최종적으로 하나의 정자가 난자막에 접촉하고 있는 것이 보일 것이다(그림 54B). 현 시대의 발생학적 지식을 약간 언급하면 좋을 것 같다. 이때 정자는 머리에 있는 핵만을 난자 속으로 진입시키고 나머지는 사라진다. 정자의 목 부분에서 열심히 에너지를 만들어 난자까지 이끌어온 미토콘드리아는 난자에 진입할 기회를 갖지 못한다. 바꾸어 이야기하면 여러분의 몸속 세포에 있는 미토콘드리아는 어머니로부터 유래된 것이다.

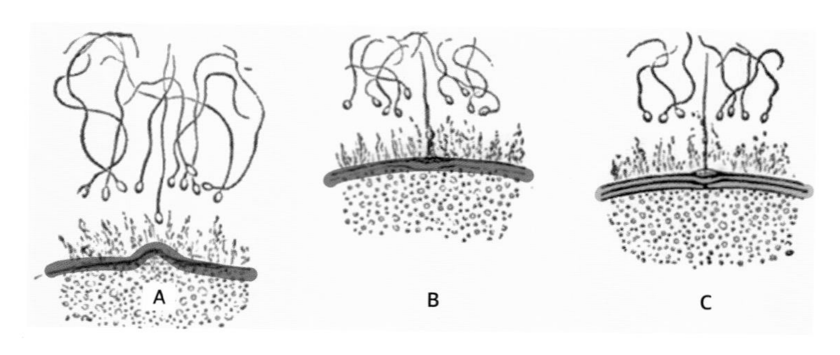

그림 55 불가사리의 수정 과정에서 난자막의 변화. 수정 바로 전(A), 수정 중(B), 수정 후(C)

발생학의 역사 부분에서 언급한 바와 같이, 헤켈의 제자 헤르만 폴 박사는 불가사리알 체외 수정 과정을 현미경을 통해 실시간으로 관찰하여, 하나의 정자가 수정되면 더 이상의 정자가 수정에 관여하지 못하는 것을 발견했다(그림 55).

그리고 자세한 연구를 통해서, 수정이 이루어지면 정자가 난막을 통과하는 순간, 난막의 특성이 변화되면서 더 이상의 정자가 난막에 결합할 수 없다는 사실을 확인하고 1879년에 기념비적인 논문을 발표했다. 이 논문의 내용이 정확하게 클림트의 〈키스〉에 색상으로 코딩되어 있다. 즉, 아직 수정되지 않은 난자는 파란색으로, 수정이 된 난자는 주황색으로 표현되었는데, 우리가 일상생활에서 받아들이는 색상의 의미까지도 고려하여 설정한 것 같다. 통상적으로 파란색은 긍정적 표현을 할 때 사용되고, 주황색 계열은 주의를 줄 때 쓰는 것을 고려하면, 주황색으로 코딩된 수정 난자는 "이쪽에 오실 필요 없어요! 제게는 접근 금지!"라고 말하는 듯하다.

〈키스〉에서 발견한 수정 후 발달 과정

통상 자궁관 끝부분에서 하나의 정자와 하나의 난자가 결합하여 접합자가 된다. 아버지로부터 받은 반쪽의 염색체와 어머니로부터 받은 반쪽의 염색체가 만나, 접합자는 온전한 수의 염색체를 가지게 된다. 사람의 경우 46개의 염색체를 갖고 있고, 이 중에 한 쌍이 성별을 결정하는 성염색체이다. 어머니로부터 유래한 난자의 염색체는 23X만 있다. 아버지로부터 유래한 정자는 X 또는 Y 염색체를 가지며, 23X 또는 23Y로 표시한다. 즉, 어떤 정자가 수정에 참여하느냐에 따라 수정란의 성별이 결정된다. 즉, X염색체가 있는 정자가 수정에 참여하면 여자아기가 되고, Y염색체가 있는 정자가 수정에 참여하면 남자아기가 된다.

완전체가 된 접합자는 단 한 개의 세포로부터 인간을 만들어내는 장대한 여행을 시작한다. 그 첫 번째 단계는 세포분열을 하여 숫자를 늘리는 것이다. 세포는 두 배씩 늘어난다(그림 56B).

분할하여 늘어나는 세포를 분할알갱이Blastomere라고 부르고, 분할알갱이 수가 12~32개에 이르면 마치 뽕나무 열매와 같이 보인다고 해서 오디배Morula라고 부른다. 놀랍게도 〈키스〉의 부분 그림을 살펴보면, 그림 56A의 왼쪽 아래 빨간색 원으로 표시된 약 8개의 원이 뭉쳐 보이는 곳이 8분할구에 해당하고, 오른쪽 위에 파란색 원으로 표시한 곳에 12개 정도의 다양한 원형 구조물로 구성된 것이 오디배 시기의 표현으로 보인다.

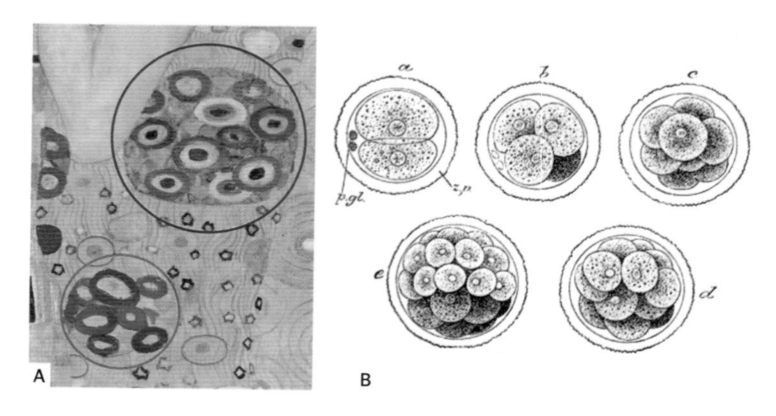

그림 56 접합자의 분할과 오디배로의 발달. B는 헨리 그레이의 《그레이 인체 해부학Henry Gray's Anatomy of the Human Body》에서 인용함(미국 발행 20판, 1918년)

오디배가 자궁으로 이동하지 않고 계속 자궁관 근처에서 발생이 진행되는 경우가 있는데, 이것은 자궁 외 임신으로서 산모의 건강을 심각하게 위협할 수 있다. 가임기 여성이 하혈과 심한 아랫배 통증으로 병원에 오면 의사들이 긴장하는 이유다. 이때 의사들은 환자에게 매우 개인적인 사생활을 질문하게 되는데, 환자들은 솔직하게 사실을 이야기하는 것이 좋고, 동반한 보호자들도 환자가 편안한 마음으로 이야기할 수 있도록 잠시 자리를 비워주는 배려가 필요하다. 그리고 의사들을 믿어야 한다. 의사는 "환자에게 들은 말은 절대 비밀로 해야" 하는 직업윤리가 있기 때문이다.

이상의 내용을 정리하면, 클림트의 〈키스〉는 발생학의 관점에서 볼 때 남자의 정자, 여자의 난자가 수정되어 접합자로 발달되고 오디배에 이르는 과정을 그린 그림이다. 실제 인간의 발생 첫 3일간 일어나는 이벤트를 그림으로 표현한 것이다. 자궁관의 끝부분에서 성장한 오디배는 자궁관을 따라 자궁 공간으로 이동하게 된다. 자궁 공간에서 일어나는 이벤트는 클림트의 〈다나에〉에 그려져 있다.

〈키스〉에 표현된 혈액세포

조직학을 공부한 경험이 있는 사람은 〈키스〉를 보면서, 여자의 옷에 적혈구와 같은 구조가 묘사되어 있음을 간파할 수 있다(그림 57A). 적혈구는 피가 붉게 보이게 하는 핵심 세포이다. 염색 후 관찰하면 여름철 해수욕장에서 쓰는 튜브 같은 모양이다. 적혈구에는 헤모글로빈이란 단백질이 들어 있고, 이 단백질에는 철분이 붙어 있어, 산소와 결합하여 피가 붉게 보이는 것이다. 그런데 산소와 잘 만날 수 있도록 주변부는 세포가 두툼하고 안쪽 부분은 얇은데, 현미경으로 살펴보면 마치 가운데 얇은 부분이 비어 있는 도넛 같아 보인다. 실제로는 막혀 있다.

참고로 헤켈의 책에 그려진 다양한 척추동물의 적혈구(그림 57B)와 실험실에서 스케치한 사람의 적혈구 모양(그림 57C)을 보면 '클림트가 그린 아이콘이 적혈구를 형상화했다'는 의견에 동의할 것이다. 필자도 이런 내용을 파악하고 있었고 '클림트가 어떤 계기로 적혈구를 〈키스〉에 포함했을까?'가 궁금했다.

그 해답으로, 미국의 미술사학자 켈리 그로비에Kelly Grovier, 1968~

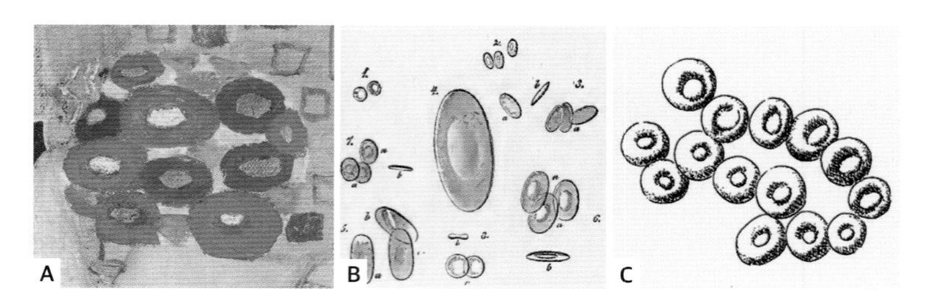

그림 57 A: 〈키스〉에 그려진 적혈구 모양의 아이콘, B: 헤켈의 책에 실린 다양한 동물의 적혈구 형태, C: 사람의 적혈구 스케치

의 책《다시, 새롭게 보기A New Way of Seeing》에서 근거 있는 설명을 찾아볼 수 있었다.✣ 그로비에는 현미경으로 관찰한 혈액세포의 시야가 〈키스〉에 그대로 옮겨져 있다고 설명한다. 적혈구가 있는 부분의 배경을 살펴보면 커다란 원형의 판 위에 적색, 청색, 연두색으로 표현된 혈액의 구성 성분들이 그려져 있는데, 이 원형 판의 경계가 현미경 시야를 표현한 것이다.

1901년 오스트리아의 병리학자 카를 란트슈타이너Karl Landsteiner, 1868~1943 박사는 빈 의대에 근무하고 있었고, 혈액형 발견에 관한 논문을 발표했다. 이러한 소식은 빈 사회로 하여금 혈액과 혈구 세포에 대해 많은 관심을 갖게 했고 살롱 등에도 화젯거리가 되었다. 클림트도 빈 대학교의 천장화를 그리는 화가로서 이런 소식을 전해 듣고 그림에 반영했다는 이야기다.

현미경은 다양한 세포뿐 아니라 맨눈으로 잘 볼 수 없는 생물체나 구조물을 관찰할 수 있게 해준다. 현미경에 사용하는 렌즈가 원

✣ Grovier, Kelly. A new way of seeing. England: Thames & Hudson, 2019.

그림 58 **윌리엄 히스, 〈괴물 수프Monster Soup〉**, 1828, 24.4×36.1cm, 런던 대영박물관, 종이에 에칭

형인 관계로 현미경으로 관찰되는 시야는 원형이다. 현미경으로 본 영상을 스케치할 때는 원형 부분까지 표시하곤 했다.

예를 들면 그림 58은 영국의 판화가 윌리엄 히스William Heath, 1795~1840가 런던 템스 강의 오염을 풍자한 그림인데, 원형의 현미경 시야를 통해 물속에 작은 괴물들이 득실거리는 것을 보여준다.

20세기가 시작하기 전까지는 사람과 사람 사이에 혈액을 주고받는 수혈의 과학적 근거가 빈약했다. 어떤 경우에는 수혈로 사람을 살리기도 했지만, 어떤 경우에는 수혈의 부작용으로 사람이 죽어갔다. 여기에 의문을 품은 란트슈타이너 박사는 면역학적 접근을 하여 혈장과 (적)혈구의 다양한 조합에 따라 적혈구 응집 양상이 다름을 확인하고, 인간에게 세 개의 혈액형이 있음을 발견하였다. 바로 우리가 알고 있는 A, B, O 혈액형을 발견한 것이다.✣ 그리고 1902년에 네 번째 혈액형인 AB형이 추가로 발견되었다. (O 혈액형은 처음에는 C형으로 불렸으나 후에 O형으로 명명되었다.)

이러한 연구는 수혈 전에 미리 혈액을 매칭하여 응집이 일어나지 않는 사람의 혈액을 수혈하면 안전할 것이라는 결론에 도달했다. 실제로 1907년에 이 원리에 기반하여 미국 뉴욕 소재 마운트 시나이 병원의 오텐버그Reuben Ottenberg, 1882~1959 교수에 의해 사람을 대상으로 성공적인 안전한 수혈이 진행되었다. 이러한 성과의 기반이 된 핵심 연구를 한 란트슈타이너 박사는 1930년 노벨 생리의학상을 수상했다.✣✣

클림트는 왜 〈키스〉에서 인간 발생에 관한 내용을 그렸을까?

클림트의 많은 작품 중 이 책에서 현재까지 논의한 작품은 〈벌거벗은 진실〉, 〈철학〉, 〈의학〉, 〈법학〉, 〈베토벤 프리즈〉 그리고 〈키

✣ Landsteiner K (1901). Ueber Agglutinationsersche in-ungen normalen menschlichen Blutes. Wien. Klin. Wschr. 14, 1132.

✣✣ Zimmerman LM, Howell KM. History of Blood Transfusion. Ann Med Hist. 1932 Sep;4(5):415-433. PMID: 33944186; PMCID: PMC7945273.

스〉이다. 이들 작품의 공통점은 인간의 삶이다. 즉 태어나서, 성장하고, 사랑하고, 아이를 낳고, 나이 들어 병들고 죽어가는 생로병사와 관련된 이야기가 들어 있는 그림들이다. 특히 〈철학〉과 〈의학〉 속 나신의 군상들을 보면 클림트의 생각은 명확하다. 또한 〈벌거벗은 진실〉과 〈베토벤 프리즈〉는 어머니의 자궁을 중요한 그림의 무대로 사용하고 있다. 〈베토벤 프리즈〉의 기사가 출정하는 장면의 실루엣과 마지막 포옹 장면의 실루엣도 자궁의 형상을 하고 있다.

지금 살펴본 〈키스〉에서도 남녀의 키스 장면과 배경 사이에 실루엣이 보이는데, 전체를 연결하여 보면 자궁의 형상을 닮았다. 즉, 〈베토벤 프리즈〉 마지막 장면이 〈키스〉에서도 재현된 것이다. 이들 작품 간에는 약 6년의 세월이 있다. 그 사이 클림트는 인간이 자궁에서 태어난다는 상식 수준을 뛰어넘는 발생학적 지식을 얻게 된 것으로 볼 수 있다. 1903년경에 주커칸들 교수와 함께한 워크숍을 통해 인체를 세포 수준에서 이해하기 시작한 것이다.

화가와 해부학자의 공통점은 둘 다 형태를 습관적으로 잘 살피고 분석한다는 점이다. 화가들은 한번 본 이미지를 머릿속에 담았다가 그들의 작품에 자신만의 방식으로 옮겨놓고, 해부학자는 인체의 구조와 기능을 연결하려고 노력한다.

클림트의 〈키스〉는 누구의 주문도 받지 않은 상태에서 주도적으로 자신만의 그림을 그린 작품이다. 〈철학〉, 〈의학〉, 〈베토벤 프리즈〉는 예고편이었고, 클림트가 화가로서 평생 가슴에 품어온 그림의 주제인 '생로병사의 신비'를 풀어가는 이야기를 시작하는 첫 작품이 〈키스〉이다. 생물학적으로 생각하면 당연한 순서다. 〈키스〉 다음으로 다룰 작품은 〈다나에〉인데 발생 7일까지의 이야기가 녹아 있다. 이어서 임신 중인 여인을 다룬 〈희망 I, II〉, 아이, 엄마, 노인의 이야기가 들어 있는 〈여인의 세 시기〉, 인생의 마지막 순간까지 보는 〈죽음과 삶〉까지가 클림트의 생로병사 연작 시리즈 한 세트라고 볼 수 있다.

만남과 착상

〈다나에Danae〉, 1907~1908

이 작품은 〈키스〉와 거의 같은 시기에 그려졌고, 1908년 빈 미술전에서 공개되었다. 그림의 소재는 그리스 신화를 배경으로 하고 있다. 다나에는 아르고스의 왕 아크리시오스Acrisius의 딸이다. 아크리시오스는 자신의 외손자에게 살해당할 것이라는 신탁을 듣고, 아직 처녀인 다나에가 아이를 갖지 못하도록 청동 탑에 가둔다. 하지만 우연히 다나에를 발견한 제우스가 황금비로 모습을 바꿨고, 방에 스며든 후 다나에를 임신시켜 페르세우스Perseus를 낳게 한다. 클림트는 바로 이 순간을 포착하여 그림에 담았다.

그림을 살펴보면 다나에는 잠을 자고 있는데, 무의식중에 황홀한 경험을 하고 있는 것 같은 표정이다. 클림트는 다나에를 잠든 여인으로 표현함으로써 그녀의 순결한 관능을 표현하고, 신비함이 깃든 생산의 주체로 만들었다. 잠든 자세가 자궁 속 태아와 같

그림 59 〈**다나에Danaë**〉, 1907~1908, 77×83cm, 빈 레오폴트 미술관, 캔버스에 유채

다. 마치 자궁 내의 공간에 있는 양, 그림에는 태아막과 같은 보라색 시폰 천이 오른쪽 아래 배치되었다. 시폰 천 속에 두 가지 종류의 둥근 모양의 아이콘이 장식되어 있다. 이 시폰 천은 왼쪽 위 발목에서도 관찰된다. 왼쪽에는 제우스의 현신인 황금비가 허벅지 사이로 내리고 있다. 좀 더 아래쪽으로 내려가면 둥근 금색 원형을 배경으로 검은색 직사각형이 있다. 클림트는 항상 남성성의 상징으로 직사각형을 사용했다.✣

✣ 마테오 키니, 《클림트》, 마로니에북스, 윤옥영 옮김, 2007.

주머니배

〈다나에〉에는 인간 발생 4~7일 사이의 이벤트가 들어 있다. 〈키스〉에는 접합자가 분할을 해 발생 3일이 되면 오디배까지 발달하는 과정이 담겨 있다고 설명한 바 있다. 오디배가 커지면 그 가운데 공간이 만들어지기 시작하는데, 주머니처럼 생겼다고 해서 주머니배라고 불린다. 처음에는 공간이 작다가, 발달이 진행되면서 공간이 넓어진다.

그림 60A를 보면 시폰 천에 있는 아이콘이 보인다. 안쪽에 공간이 없는 황금색 원은 아직 오디배 상태(m)로 보이고, 작은 공간이

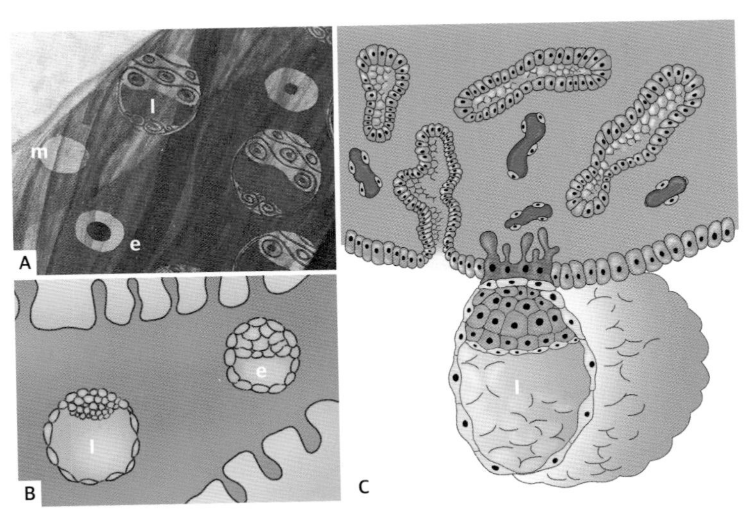

그림 60 **〈다나에〉**에 그려진 주머니배 도상(A), 자궁 내에 주머니배(B), 자궁벽에 주머니배(C)

만들어진 것이 초기 주머니배(e)이다. 그리고 공간이 넓어지면서 세포들이 한쪽으로 몰려 있는 후기 주머니배(l)가 그려져 있다. 그

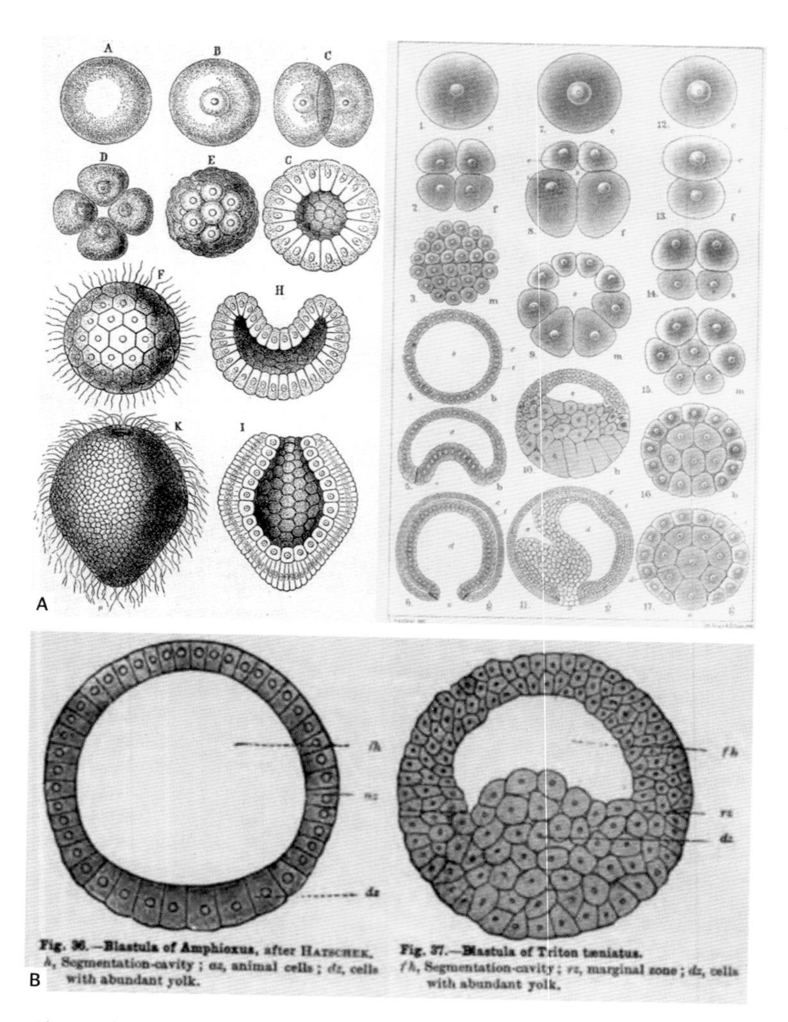

그림 61 19세기 말~20세기 초의 동물 발생 초기의 형태학적 이해

림 60B, 60C는 발생학 교과서에 삽화로 나오는 주머니배의 그림으로서, 클림트가 그린 그림과 일치함을 알 수 있다. 후기 주머니배(l)에서 세포들이 몰려 있는 곳을 배아극이라 부르는데, 이 부분이 자궁 속 막에 접근하여 착상을 하면(그림 60C), 발생 1주의 과정이 지나게 된다. 이후부터는 배아극에 있는 세포들이 인체를 구성하는 기관을 만들기 위한 준비를 하게 된다.

클림트가 활동했던 당시에 과학자들이 주머니배와 같이 발생 초기 기관들의 형태를 스케치한 그림을 찾아볼 수 있다. 그림 61A는 헤켈이 1903년에 출판한《인류 발생 또는 인간 발달의 역사》에 들어 있는 삽화들이다.✣ 헤켈은 여러 동물의 발생을 연구했는데, 동물은 공통적으로 발생 초기에 수정란으로부터 시작하여 세포분열이 진행되고, 오디배 같은 세포덩어리를 형성한 다음, 주머니 형태로 발달해간다고 생각했다. 그림 61B는 헤켈의 제자인 오스카 헤르트비히가 1890년에 쓴 독일어로 된 발생학 교과서를 1901년 영어로 번역한 책에 있는 삽화다.✣✣ 왼쪽의 그림은 초기 주머니배의 특징을 가지고 있고, 오른쪽의 그림은 후기 주머니배의 특징을 가지고 있다.

✣ Haeckel, Anthropogenie, oder, Entwickelungsgeschichte des Menschen: Keimes- und Stammes-Geschichte, 1903.

✣✣ Hertwig, Oscar, Text book of the embryology of man and mammal 3rd edition, translated by Mark EL, New York, The Macmillan co. 1901.

황금비

제우스가 황금비의 모습으로 다나에를 방문한 장면이 그림 62A에 묘사되어 있다. 빨간 박스를 확대해 보면 황금색과 은색의 고리 같은 형태가 관찰되고, 군데군데 은색과 금색의 동전 모양이 관찰된다(그림 62B). 이 동전 모양은 난자를 형상화한 듯하다. 한 미술사학자는 정액과 그 속에 있는 정자(그림 62C)가 금과 은으로 코팅된 모습이라고 설명한다.✣

또 한 가지 흥미로운 해석은 여기서 관찰되는 끈같이 생긴 고

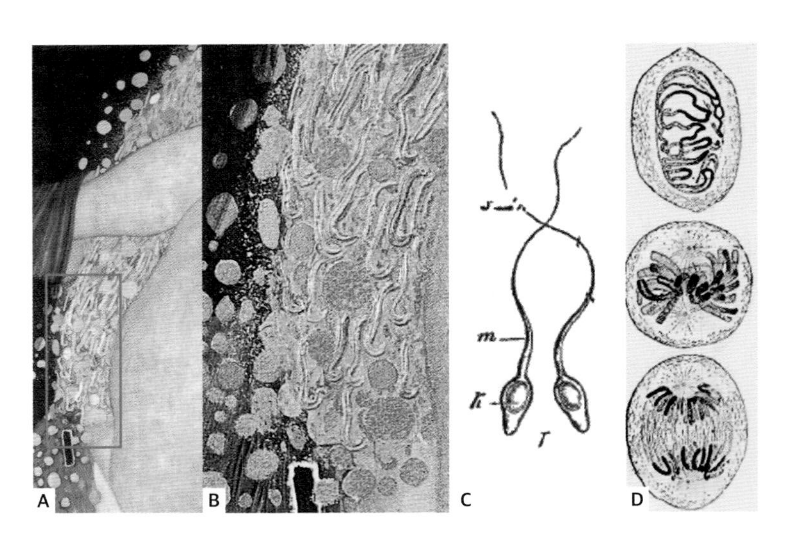

그림 62 제우스의 상징, 황금비(Golden Rain)의 해부학적 분석
A: 〈**다나에**〉 좌측 부분, B: A의 박스 부분 확대, C: 헤켈의 책에 실린 사람의 정자 그림, D: 헤켈의 책에 실린, 세포분열 중의 염색체 형태

리 형태가 세포분열 중에 관찰되는 염색체(그림 62D)라고 볼 수 있다는 해석이다.[✣✣] 1900년 초에 인류는 이미 염색체의 존재를 알고 있었다. 염색질은 평상시에는 세포의 핵 속에 뭉쳐 있다가, 세포가 분열되기 시작하면 응축되면서 그림 62D와 같은 모습이 된다.

클림트가 살았던 당시에는 염색체가 유전에 관여한다는 사실이 명확하게 밝혀지지 않았다. 그럼에도 불구하고 염색체의 그림을 의도적으로 여기에 그려 넣었다면, 믿을 수 없을 정도의 예지력을 가졌다고 할 수 있겠다. 현대의 지식을 조금 넣어서 해석하면, 수정 단계에서 핵 속에 뭉쳐 있는 염색체의 DNA 정보가 어버이로부터 자손에게 유전된다. 즉, 다나에와 제우스의 결합은 제우스의 DNA가 그의 아들 페르세우스에게 전달된 것을 상징하는 장면인 것이다.

이상의 내용을 정리하면 〈다나에〉는 수정 전의 정자와 난자의 만남이 묘사되어 있는 그림이자, 주머니배로의 발달과 착상의 과정이 녹아 있는 그림이다. 〈키스〉와 함께 인간 발생 1주의 서사라고 볼 수 있다.

앞서 언급한 에밀 주커칸들 교수 외에, 빈 프라이터 생물학 연구소를 설립한 한스 프르지브람**Hans Przibram, 1874~1944** 박사도 클림트

✣ 질 네레, 《구스타프 클림트》, 마로니에북스, 최재혁 옮김, 2020.

✣✣ Gilbert SF, Brauckmann S. Fertilization Narratives In The Art Of Gustav Klimt, Diego Rivera And Frida Kahlo: Repression, Domination And Eros Among Cells. Leonardo. 2011; 44(3): 221–227.

에게 영향을 준 것으로 알려져 있다. 그는 아마추어 화가로 활동하면서 클림트와 함께 분리파 활동을 했다. 실제로 분리파 전시회에도 그림을 출품했으며, 베르타 주커칸들의 살롱에도 방문하였다. 이 두 사람과의 교류를 통해 클림트는 발생학과 관련된 여러 가지 흥미로운 지식을 얻고, 그림에 반영하였을 것이다.

그렇다면 마지막으로, 좀 더 근원적인 질문으로 돌아가 보자. 클림트는 왜 다나에의 신화를 그림의 소재로 선택했을까? 아마도 다나에의 상황과 클림트 자신의 상황이 비슷하다고 여겨 그랬을 거란 해석이 있다.✣ 다나에는 자신의 의지와 상관없이 감금되었고, 그럼에도 불구하고 기발한 장치를 통해 아버지의 억압을 극복하고 제우스의 아이를 임신하게 된다. 클림트도 대학 천장 벽화와 관련된 검열과 억압을 받았고, 이를 극복해 자신의 예술세계를 완성하고자 하는 의지가 있었기에, 그런 마음을 대변해 〈다나에〉를 그렸을 수 있다. 다나에와 제우스가 역경을 딛고 영웅 페르세우스를 낳았듯이 클림트는 예술에 대한 억압을 과학과 예술의 창의적 결합으로 극복하여 자신만의 걸작을 만들고자 했던 것으로 보인다.

✣ Gilbert SF, Brauckmann S. Fertilization Narratives In The Art Of Gustav Klimt, Diego Rivera And Frida Kahlo: Repression, Domination And Eros Among Cells. Leonardo. 2011; 44(3): 221–227.

잉태

〈희망 I Hope I〉, 1903

주머니배가 자궁 속 막에 착상하게 되면 어머니로부터 자양분을 받아 본격적으로 발달과 성장이 시작된다. 임신 약 5~6개월쯤 되면 배가 점점 커지기 시작하여, 주변 사람들이 임산부임을 알아본다. 클림트는 〈의학〉에서 나신의 군상 중 임신한 여자를 그려 비난받은 바 있다. 그런 클림트가 임산부를 주인공으로 그린 작품이 바로 〈희망 I〉, 〈희망 II〉이다. 원래 독일어 제목인 Die Hoffnung(희망)은 임신을 뜻하는 In Guter Hoffnung을 연상시킨다. 어원에서 왜 클림트가 이런 제목을 선택했는지 알 수 있다.✣ 먼저 1903년 작 〈희망 I〉을 살펴보자.

클림트는 이 작품을 1903년에 그렸지만, 당시에 공개적으로 전

✣ 프랭크 휘트포드, 《클림트》, 시공사, 김숙 옮김, 2002.

시하지는 못했다. 이 그림을 구매한 사업가 프리츠 베른도르퍼Fritz Waerndorfer, 1868~1939가 개인 소장품으로 간직하며 문이 달린 별도의 수장 공간에 보관하면서✣ 당시에 특별한 친구들에게만 조심스럽게 보여줬다고 한다. 이 작품이 그려진 시기에 클림트와 그의 뮤즈 마리 치머만Marie Zimmermann, 1879~1975 사이에서는 아들 오토Otto Zimmermann, 1902가 태어났는데, 클림트가 마리의 임신 과정을 지켜보면서 이 작품을 구상했다는 이야기가 있다. 그러나 오토가 한 살도 되기 전에 사망했고, 클림트는 그 후 〈희망 I〉을 그렸다. 그림 속 만삭의 모델은 헤르마Herma라는 여성으로 알려져 있다. 헤르마는 클림트의 스튜디오에서 오랫

✣ 질 네레, 《구스타프 클림트》, 마로니에북스, 최재혁 옮김, 2020.

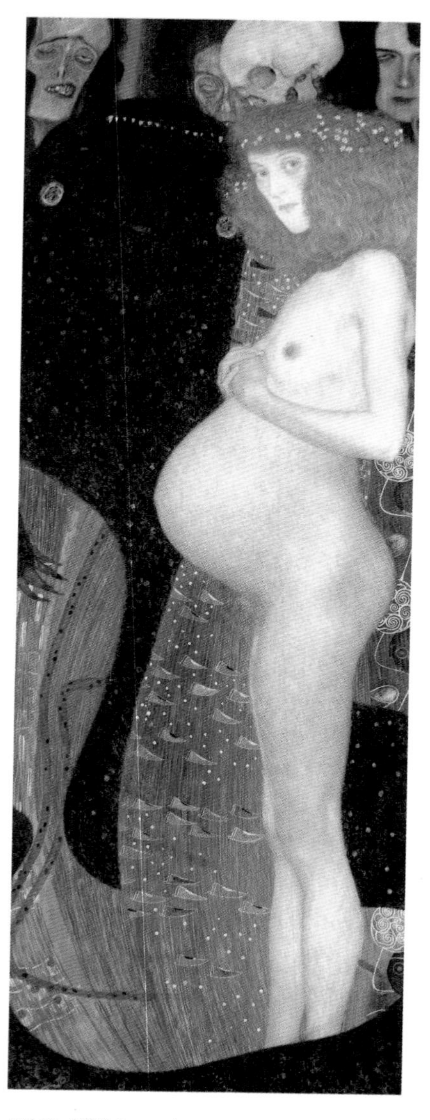

그림 63 **〈희망 I Hope I〉**, 1903, 181×67cm, 캐나다 국립 미술관, 캔버스에 유채

동안 모델로 일하고 있었는데, 어느 날부터 갑자기 나오질 않았다. 수소문을 해보니, 임신을 하여 더 이상 모델 일을 할 수 없는 상황이었다. 클림트는 헤르마를 불러 〈희망 I〉의 모델을 제안했고, 이 그림이 나올 수 있었다.✣

그림을 세세히 살펴보자. 붉은 곱슬머리를 한 만삭의 임산부가 실오라기 하나 걸치지 않고 관객을 향해 아무런 부끄럼 없이 서 있다. 머리 위쪽을 보면 세 명의 인물과 해골이 숨어 있다. 해골은 죽음을 상징하고, 왼쪽에 보이는 사람은 병듦을, 가운데 해골 뒤의 사람은 쇠약함을, 오른쪽의 사람은 광기를 나타낸다. 임산부를 축복하는 희망에 찬 분위기가 절대 아니다. 임신은 생물학적으로 보면 인류의 영속성을 유지하는 핵심이기도 하기에 전 지구적으로 축하를 받아 마땅한 일이다. 그러나 임신을 유지하며 출산을 준비하는 임산부는 호르몬의 변화, 육체적 변화 등으로 많은 스트레스를 받는다. 또 '유산하지 않고 건강한 아이를 잘 낳고, 잘 기를 수 있을까?' 하는 걱정에서부터 출산 과정의 두려움을 갖게 된다. 이런 이유 등으로 산전 우울증, 산후 우울증을 호소하는 산모들이 많다. 이러한 복잡한 상황을 클림트는 이 그림의 위쪽에 묘사했다고 할 수 있다.

모자 보건의 지표로 의사들은 영아 사망률, 신생아 사망률, 주산기 사망률, 모성 사망률 등을 사용한다. 클림트가 살았던 1900년대 초의 모성 사망률을 살펴보자. 미국 질병관리청CDC 자료에 따르면

✣ Partsch S. Klimt Life and Work. Michigan: Borders Group; 1st THUS edition; 2002.

1900년 초에는 10만 명 출산당 800명의 산모가 사망하였고 1950년대 이후에 100명 이하로 떨어졌다. 1900년을 기준으로 영국은 474명, 오스트리아는 의학 선진국답게 320명 정도로 상대적으로 낮은 모성 사망률을 보였지만, 2020년 현재 대부분의 선진국이 여전히 10명 선인 것을 고려하면, 당시 많은 산모들이 출산 과정에서 사망했다고 볼 수 있다.✣ 〈희망 I〉 속 임산부는 이런 위험을 담담하게 감수하고 있고, 예비 엄마로서 앞으로 꽃길만 갈 수 있기를 희망하고 있지 않은가? 이런 배경으로 그림을 보면, 선정적인 느낌보다는 입을 꼭 다문 여자의 모습에서 강인함이 느껴지는 듯하다.

자궁에 착생한 태아는 임신 3개월쯤에 45그램 정도로 성장한다. 이후부터 빠른 속도로 몸무게가 늘어 임신 6개월쯤 되면 820그램 정도가 되고, 마지막 3개월 사이에 급속도로 성장하여 임신 9개월이 되면 3킬로그램 정도가 된다.

태아가 성장함에 따라 자궁의 크기도 커지는데, 임신 4~5개월까지는 평상시 복강과 골반강의 공간으로 수용이 가능해 배가 불러 보이지 않을 수 있다. 그러나 임신 6개월부터는 그림 64B에 점선으로 표시된 기존의 경계를 벗어나 배가 점점 불러온다. 임신 9개월쯤 되면 복강을 다 채워 임산부는 복식호흡을 하기 힘들어지고, 흉식호흡에 의존해 숨을 쉬기 때문에 힘든 일을 하기 어렵다. 이 시기에 임산부에 대한 사회적 배려가 필요한 이유다. 그림 64A와 64B를 비교하여 보면 〈희망 I〉의 임산부는 임신 10개월에 진입

✣ https://ourworldindata.org/maternal-mortality

한 것으로 보인다.

다시 〈희망 I〉의 전체 그림을 보면, 임산부 앞쪽으로 두 개의 눈이 달린 시커먼 가오리 같은 물고기를 볼 수 있다. 그림에서 상당한 비중을 차지한다. 이어서 물고기와 임산부 사이에 양수와 태아막도 보이는데, 태아막에는 작은 고깔 모양의 아이콘이 장식되어 있다. 아래쪽 앞에는 긴 구조 안에 알갱이가 들어 있는 형태가 있는데 마치 〈법학〉에서 본 생물체 같은 느낌을 자아낸다.

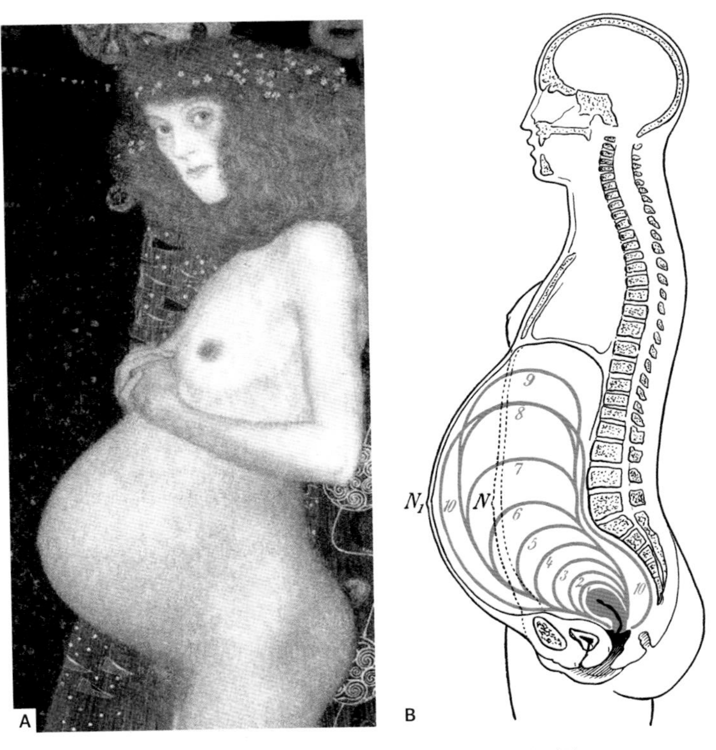

그림 64 임신 진행에 따른 자궁의 성장과 배의 변화(B). 숫자는 임신 개월

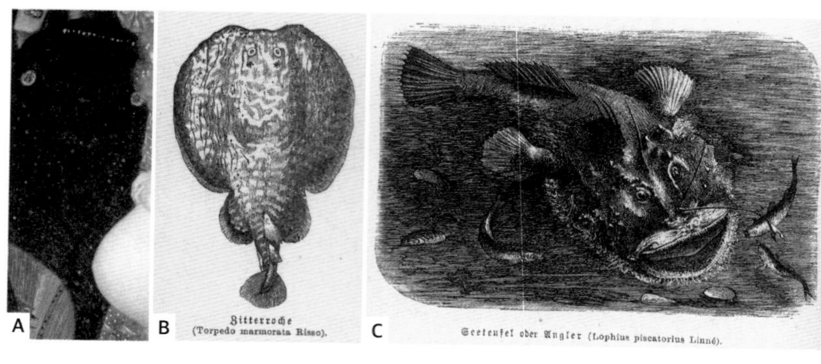

그림 65 A: 〈**희망 I**〉에 그려진 물고기, B: 《동물의 자연사》 그림에 있는 가오리, C: 아귀 삽화

큰 물고기의 정체

〈희망 I〉에 상당한 비중으로 그려진 가오리(그림 65A)는 클림트의 서재에 비치되어 있던 《동물의 자연사》에 있는 그림을 모티브로 그려진 것으로 알려져 있다.[✣] 몸통이나 눈의 형태를 보면 얼핏 가오리로 보인다(그림 65B). 하지만 물고기 입 쪽에 일렬로 그려진 흰색 이빨은 왜 들어갔는지 설명하기가 어렵다.

《동물의 자연사》의 가오리 삽화 근처에 아귀의 그림(그림 65C)이 보이는데, 이빨의 형태와 배열이 〈희망 I〉에서 볼 수 있는 가오리 그림과 일치한다.[✣✣] 클림트는 〈베토벤 프리즈〉의 괴물 타포이

✣ Braun E. Ornament as Evolution Gustav Klimt and Berta Zuckerkandle in Gustav Klimt: The Ronald S. Lauder and Serge Sabarsky Collections. edited by Renee Price. New York: Prestel Publishing; 2007.

에스를 그릴 때 사용한 방법을 〈희망 I〉에도 사용한 것 같다. 즉, 가오리와 아귀의 특징을 골라 새로운 캐릭터를 만들어낸 것이다.

알 그리고 고깔 모양의 정체

그림 66A를 보면 〈희망 I〉 왼쪽 아랫부분에 〈법학〉의 분노의 여신을 장식하고 있던 기생충 같은 선형동물이 그려져 있다. 왼쪽 면의 가장자리를 따라 알과 같은 형태도 보인다(그림 66A의 흰색 화살표). 클림트가 《동물의 자연사》 그림을 여럿 참고한 것에 근거하여, 마찬가지로 이 그림도 이 책에서 찾아보았다. 놀랍게도 가오리와 임산부 사이에 양수로 표현된 청색 배경에 배치된 수많은 고깔 같은 형태는 공룡 노토사우루스Nothosaurus의 이빨로 보인다(그림 66B). 노토사우루스는 얕은 바다에서 헤엄을 치며 다녔던 파충류라고 하니 양수나 태아막과 연결 지어봐도 무리가 없다. 같은 방식으로 《동물의 자연사》에 있는 삽화들을 찾아본 결과 화살표의 알은 개구리알의 삽화(그림 66C)에 해당된다.

✣✣ Phillip Leopold Martin, Illustrierte Naturgeschichte der Thiere, Brockhaus, Leipzig 1882-1884.

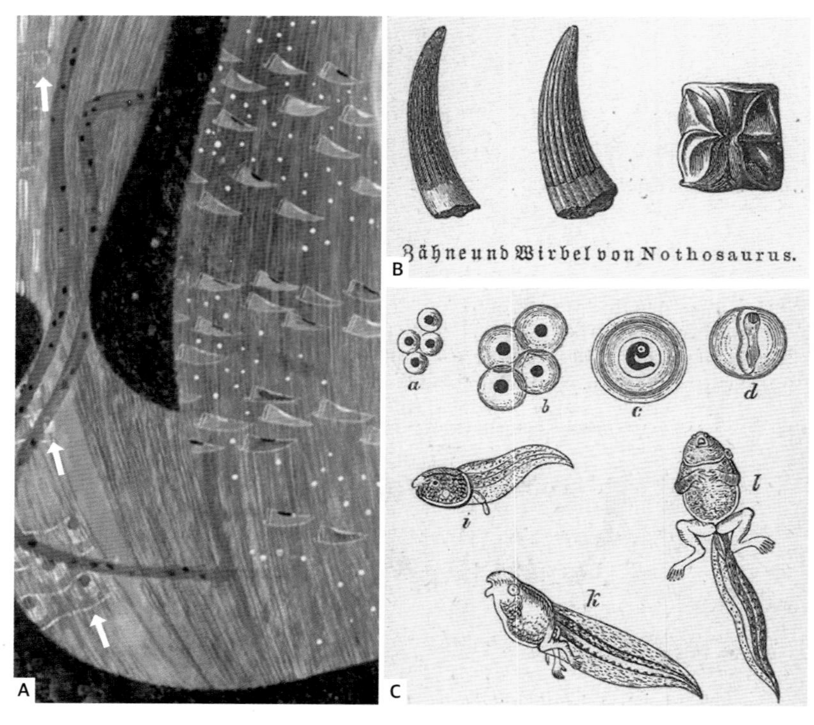

그림 66 A: 〈**희망 I**〉의 왼쪽 아래에 그려진 생물 그림, B: 《동물의 자연사》 그림에 있는 노토사우루스의 이빨과 척추뼈, C: 개구리알과 올챙이의 삽화

물속에 사는 생물을 그려 넣은 이유

헤켈은 19~20세기에 걸쳐 활동한 독일의 유명한 진화 생물학자였고, 다윈의 열렬한 지지자였다. 당시 헤켈은 독일의 과학자들에게 지대한 영향을 미치고 있었고, 클림트는 주커칸들 교수와 교

류하면서 다윈과 헤켈의 연구 결과를 친숙하게 접했다. 그리고 진화론적 사고와 헤켈의 발생반복설의 내용을 〈희망 I〉에 묘사하였다. 즉, 진화론적 관점에서 현재 우리 인간도 진화의 과정을 겪고 있다고 보고, 역으로 추적해 하등동물의 유래와 연결 지은 것이다. 그러한 맥락으로 선형동물, 어류, 양서류, 파충류의 그림을 그려 넣었다.

여기서 잠시, 헤켈이 주장한 발생반복설Recapitulation Theory을 살펴보면, 이는 '개체 발생은 계통 발생을 반복한다'는 이론이다. 즉, 인간은 개체 발생 중 어류-양서류-파충류의 과정을 지나 영장류(인간)로 완성된다는 것이다. 이렇게 클림트는 당대에 논의된 과학적 내용을 자신에 그림 속에 녹여내려 했다. 임산부의 피부 아래서 일어나는 과학적 진실을 여러 동물의 아이콘을 이용해 표현하려 한 것이다.

고통과 두려움

〈희망 II Hope II〉, 1907~1908

〈희망 II〉는 〈키스〉와 비슷한 시기에 그려졌다. 클림트는 〈희망 I〉을 분리파 전시회에 출품하려 했으나 사전 검열 과정에서 논쟁이 있었고, 사업가 프리츠 베른도르퍼가 마침 그림을 즉시 구매하면서 일단락되었다.✣ 〈희망 II〉에도 〈희망 I〉과 같이 임산부가 있지만, 화폭은 〈희망 I〉보다 더 넓은, 〈키스〉 및 〈다나에〉와 비슷한 정방형으로 바뀌었다. 〈키스〉와 같은 황금색 배경이며, 임산부가 다소곳이 고개를 숙이고 아래쪽을 바라보고 있다. 클림트가 〈희망 I〉에 대한 주변의 강한 거부감을 일부 수용하면서 〈키스〉에 사용했던 아이콘을 통한 메시지 전달 방식을 시도한 것으로 보인다.

〈법학〉, 〈베토벤 프리즈〉, 〈희망 I〉에서는 직관적으로 알아볼 수

✣ Partsch S. Klimt Life and Work. Michigan: Borders Group; 1st THUS edition; 2002.

그림 67 〈**희망 II Hope II**〉, 1907~1908, 110.5×110.5cm, 뉴욕 현대 미술관, 캔버스에 유채, 금박, 금속

있을 정도로 동물의 그림을 활용했지만, 〈희망 II〉는 동물의 그림이 아닌 〈키스〉와 같이 스타일리시한 아이콘을 임산부의 옷에 장식해 자신만의 메시지를 전달하고자 했다.

그림을 찬찬히 살펴보자. 먼저 임산부의 배 앞쪽에 해골이 보인다. 〈희망 I〉과 달리 자세히 봐야 알 수 있다. 이 해골은 임신 중 직면하는 잠재적 위험을 상징한다. 임산부의 몸통 부분에는 붉은색을 배경으로 다양한 크기와 구성의 원형 디스크들이 보인다. 먼저 붉은 배경은 붉은 혈액을 의미하며, 이는 태아의 성장에 필요한 자양분을 공급한다. 원형의 아이콘들은 우리 몸의 세포와 발생 중에 나타나는 기관들을 형상화한 것으로 보인다. 임산부의 치마폭 아래로 시선을 옮겨보면 세 명의 여자가 있다. 임산부의 순산과 건강한 아기의 탄생을 기원하는 뜻으로 읽힌다. 다른 의견으로, 임산부의 배 앞에 있는 해골이 임신한 아이가 유산될 것을 암시하며, 그 아래 엄숙한 표정을 짓고 있는 세 여인들이 이에 대한 애도를 하는 것이라고 해석하기도 한다.✣ 하지만, 이 그림의 제목이 〈희망 II〉라는 것을 고려하면 순조로운 임신과 출산을 기원하는 그림으로 보는 것이 타당해 보인다.

그럼 〈희망 II〉에는 어떤 해부학적 구조가 있을까? 이미 언급한 바와 같이, 〈희망 I〉에서 직관적으로 알아볼 수 있는 해골 그림(그림 68B)이 보다 감각적인 형태로 바뀌면서 배경에 잘 녹아 들어가 있다(그림 68A의 빨간색 화살표). 옷을 채우고 있는 다양한 형태의 원

✣ https://www.moma.org/collection/works/79792

구조물은 발생 과정에 나타나는 다양한 구조물을 아이콘화한 것이고, 〈다나에〉에서 본 아이콘들(그림 68C)과 비슷하게 오디배, 초기 주머니배 같은 구조는 그대로 사용되었다. 후기 주머니배는 단

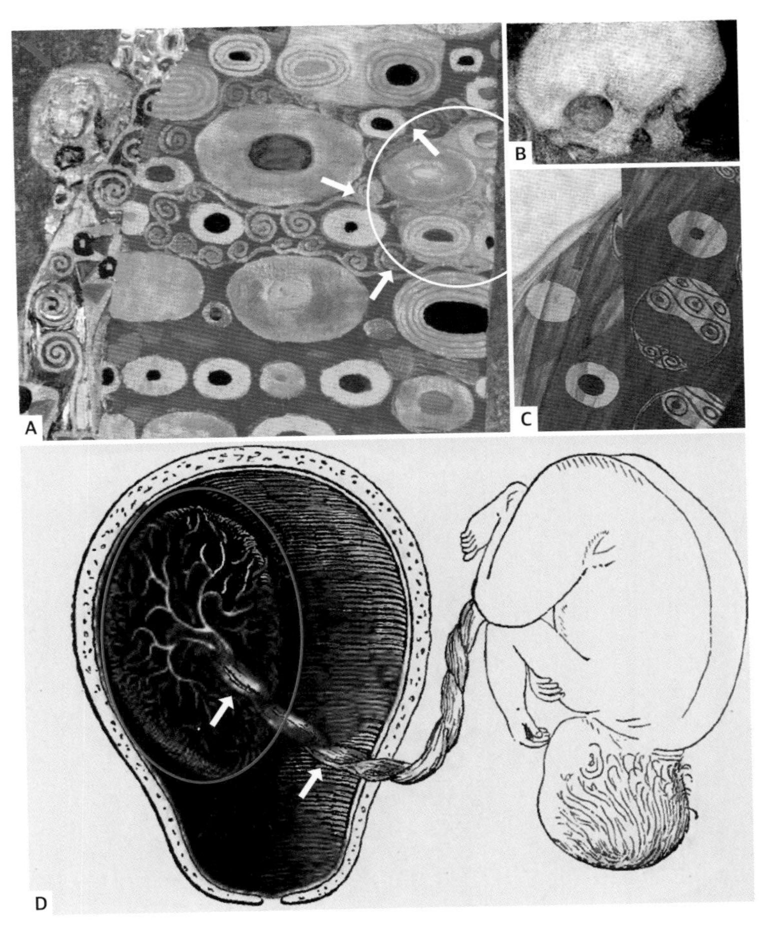

그림 68 A: **〈희망 II〉**의 복부 확대 부분, B: **〈희망 I〉**의 두개골 부분, C: **〈다나에〉**의 오디배와 주머니배, D: 인간 태아의 태반과 탯줄 그림(헤켈, 1903)

순하게 아이콘화되었다. 그림 68A에서 오른쪽에 흰색 원으로 표시한 부위를 살펴보면 원판을 배경으로 3~5개의 원형 구조가 보이는데, 이를 자세히 보면 원형 뒤에 아라베스크 문양을 띤 넝쿨 줄기가 위, 아래, 가운데에 3개 있는 것을 볼 수 있다(그림 68A의 흰색 화살표).

1903년에 출판된 헤켈의 책에 자궁, 태반, 탯줄 그리고 태아의 삽화가 이해하기 쉽게 그려져 있는데(그림 68D), 이를 참고해 살펴보면 이 세 개의 넝쿨 줄기는 탯줄을 상징화한 것임을 알 수 있다. 그림 68D를 보면 태반과 태아가 탯줄(흰색 화살표)로 연결되어 있는데 마치 새끼줄처럼 꼬여 있다. 그림에 보이는 탯줄은 하나이지만, 실제 탯줄 속에는 하나의 배꼽정맥과 두 개의 배꼽동맥, 총 세 개의 갈래가 있다. 즉, 그림 68A에 나타난 세 줄기는 이 세 개의 큰 혈관을 묘사했다고 볼 수 있다.

태반은 태아에서 유래한 조직과 엄마 쪽에서 유래한 조직이 합해져 만들어진 기관으로(그림 27 참고), 태아 보호, 영양 공급, 가스 교환 및 배설·배출을 담당한다. 배꼽정맥을 통해서 태반으로부터 신선한 산소와 영양소가 포함된 혈액이 태아 쪽으로 이동하고, 태아가 사용한 혈액과 태아가 배설한 노폐물은 배꼽동맥을 통해서 다시 태반으로 전달된다.

그림 68D에서 태아는 자궁 입구 쪽에 머리를 두고 있는데, 이는 정상적인 출산을 위한 합리적인 위치이다. 가끔 다리가 아래쪽에 있고 머리는 위쪽을 향해 잘못된 위치로 자리 잡은 태아가 있는데, 이는 아이가 거꾸로 들어선 경우로서 볼기태위라고 불린다. 이

렇게 되면 상당한 난산이 예상된다. 의학이 발달하지 않았던 시절 볼기태위인 아이를 출산하다 산모나 아기가 많이 사망하였다. 이 책에서 소개된 레오나르도 다빈치가 그린 자궁 속의 태아가 바로 볼기태위에 해당한다(그림 43 참고).

탄생과 노화

〈여인의 세 시기The Three Ages of The Woman〉, 1905

클림트는 〈여인의 세 시기〉를 1905년에 완성했다. 그리고 1908년 〈키스〉, 〈다나에〉와 함께 빈 미술전 22번 방에서 전시했다. 특별히 언급되지는 않았지만 이 세 작품이 같은 방에 전시된 것은 인간의 발생 여정을 〈키스〉와 〈다나에〉에서 보여주고, 출생 후 아기가 성장하여 부모가 되고, 노인이 되어 생의 마무리를 준비하는 단계를 〈여인의 세 시기〉에서 보여주기 때문으로 보인다.✣ 1911년 이탈리아 통일 50주년을 기념하여 개최된 로마 만국 박람회에 출품되어 금메달을 수상하기도 한 〈여인의 세 시기〉는 인간의 삶과 숙명을 표현한 작품이다. 클림트는 사람(특히 여자)이 태어나서, 아름답

✣ Kim DH, Park H, Rhyu IJ. Gustav Klimt's The Kiss-Art and the Biology of Early Human Development. JAMA. 2021 Nov 9;326(18):1778-1780. doi: 10.1001/jama.2021.14307. PMID: 34751732.

그림 69 〈**여인의 세 시기**The Three Ages of The Woman〉, 1905, 180×180cm, 로마 국립 현대 미술관, 캔버스에 유채

게 꽃피우고, 아이를 낳고, 늙어가는 삶을 이 그림에 표현했다.

그럼 그림을 자세히 뜯어보자. 먼저 어두운 배경에 아기, 엄마, 노인이 보인다. 아이가 엄마의 품에 안겨 잠을 자고 있고, 엄마도 눈을 감고 손으로 아기의 등을 감싸고 있다. 아기는 엄마의 심장 소리를 들으며 따스하고 포근한 느낌을 받는 듯하다. 아기의 다리와 엄마의 다리 사이에 투명한 질감의 파란 천이 감겨 있고, 엄마의 머리에는 꽃이 장식되어 있다. 마치 이 시기가 여인의 인생에서 가장 꽃피는 좋은 시절임을 상징한 듯하다. 엄마와 아기의 뒤 배경으로는 다양한 크기와 형태의 원형 아이콘이 보이는데, 〈희망 II〉에서 발견한 아이콘들과 유사하다. 엄마의 다리 쪽 뒤로는 황금색 삼각형들이 보이고, 롤리팝 같은 회오리 모양의 아이콘도 보인다. 마치 아이와 엄마의 앞날에 아직도 변화무쌍한 인생이 기다리고 있다는 메시지를 심어놓은 듯하다.

자, 이번에는 젊은 여인의 왼쪽을 보자. 고개 숙인 노인의 모습이 보인다. 머리는 회색으로 생명력이 없고, 긴 머리로 자신의 얼굴을 가린 데서 굉장한 절망감이 전해진다. 가장 앞쪽에 보이는 빗장뼈, 어깨뼈, 팔로 연결되는 부분의 피부가 매우 건조해 보이고 근육 손실도 많아 보인다. 근육감소증Sarcopenia인 듯하며 전체적으로 매우 노쇠하다. 더 내려가 팔을 살펴보면 피부가 얇아지고 피하지방도 거의 없어 구불구불한 정맥이 드러난다. 손가락의 변형도 보이고 얇은 피부 밑에 뼈가 비친다.

클림트는 이 노인을 그릴 때 1902년 분리파 전시회에서 본 오귀스트 로댕의 조각 〈아름다웠던 투구 제조사의 아내〉를 참고한 것으로 알려져 있다.✣ 로댕의 조각상 제목에도 아름다"웠다"라고

✣ 질 네레, 《구스타프 클림트》, 마로니에북스, 최재혁 옮김, 2020.

과거형으로 쓰였듯이 인간의 아름다움은 영원할 수 없다. 클림트도 지금 절정에 있는 건강하고 아름다운 존재가 세월이 흘러 곧 사라지고, 쇠약한 노인이 되어 죽음을 면하지 못한다는 것을 그림에 암시했다.

노인의 배경을 보면, 여러 가지 형식의 작은 금색과 은색 원형들이 채워져 있다. 오른쪽의 엄마와 아이 쪽 배경에 사용된 원형 구조물과 비교해 볼 때, 그 크기가 상대적으로 작고, 원의 색상에서도 다른 에너지가 느껴진다. 인물 밖의 배경은 검은색을 기점으로 수평으로 나뉘어 있다. 위쪽은 죽음을 상징하며, 아래쪽 흑갈색은 우리가 살고 있는 삶의 현장을 상징한다. 흑갈색의 배경에는 가는 비가 내리는 듯한 작은 흰색 점들이 많이 보이는데, 마치 밤하늘에 펼쳐진 별들 같기도 하다. 〈철학〉에서 스핑크스의 머리 위에 쏟아지는 별 무리와도 이어진다.

그림의 배경무늬를 비교해보자

이 그림에 사용된 도상들은 클림트의 다른 작품과 같이 헤켈의 출판 자료와 관련이 많다. 발생과 관련된 가장 명확한 구조는 엄마와 아기를 연결하고 있는 푸른 시폰 형태의 태아막이다. 특히, 아이의 발 근처에는 촘촘하고 도톰하게 그려져 있어 안정감이 더해진다. 이 세 인물의 배경에는 많은 원형 구조들이 나타나는데, 대

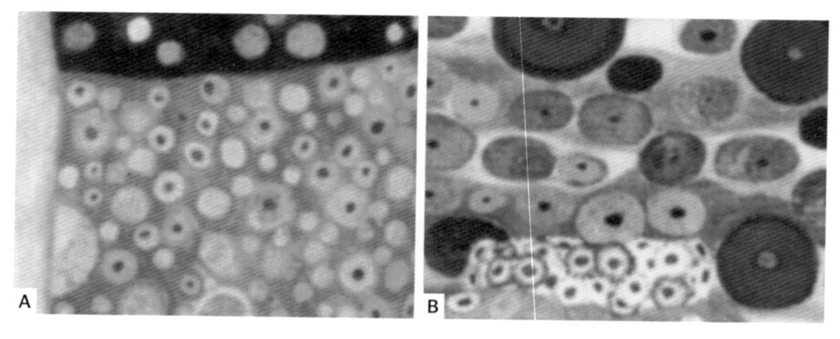

그림 70 배경무늬 확대 부분 A: 노인 배경, B: 엄마와 아기 배경

부분 원 안에 작은 점들을 포함하고 있다. 클림트의 작품 속에서 이런 구조는 '세포'를 표현한 것이다.

그림 70A는 노인의 배경을 채우고 있는 부분을 확대한 것이다. 위쪽에 검은색 배경으로 위치한 구조(세포)는 생동감이 없다. 그 아래 붉은색 배경에 그려진 세포들의 크기가 젊은 여인(엄마)의 배경에 있는 원(그림 70B)에 비해 상대적으로 크기가 작다. 그림 70B는 원형의 구조가 크고 색상에서도 강한 에너지가 느껴지며, 아래쪽에 화관이 배치되어 밝은 느낌이다. 통상 세포들을 현미경으로 보면 나이 든 세포는 위축된 경향이 있고, 어리거나 젊은 세포들은 세포질이 풍부하고 크기도 상대적으로 큰 편이다. 클림트가 이러한 병리조직학적 현상을 이해하고 그렸는지는 모르겠으나, 그림에서 묘사된 것같이 노인 쪽의 세포들은 위축된 형태, 아이와 엄마 쪽의 세포들은 왕성한 활동을 하는 형태다. 또한 원형 중에는 성숙한 난자처럼 보이는 구조(그림 70B의 보라색, 파란색 원형 구조)도 보이는데, 이는 이 젊은 여성이 생산성을 유지하고 있음을 암시한다.

노화에 따른 근육감소증

앞서 자세히 살펴봤듯이 〈여인의 세 시기〉 속 노인은 근육의 부피가 많이 줄어든 모습이다. 노인 어른들의 허리가 굽은 이유 중 하나가 등 근육이 약해져서인데, 나이가 들면서 근육이 줄어드는 것은 오랫동안 노화에 따른 자연스러운 과정으로 생각되었으나, 2016년부터 미국에서는 지나친 근육감소를 질병으로 규정하기 시작했다. 노화에 따른 근육의 변화를 보여주는 다음 현미경 사진(그림 71)을 살펴보자.

그림 71은 흰쥐의 근육조직이다. 젊고 건강한 흰쥐에 비해(그림 71A) 나이 들고 위축된 흰쥐의 근육조직(그림 71B)의 직경이 감소되어 있다. 이것은 클림트의 〈여인의 세 시기〉의 배경에 작게 표현된 세포 아이콘들(그림 70A)을 연상케 한다.

근감소증은 노화 과정에서 근육의 손상량과 재생량의 불균형에 기인한다. 그 원인으로 당뇨병, 동맥경화, 영양실조, 활동량 감소 등의 다양한 질환이 지목되고 있다. 근육량이 감소되면 낙상(넘어짐)의 확률이 1.5~2배 정도 올라간다. 낙상으로 외상, 골절 등 2차적인 문제가 발생되어 노인의 삶의 질은 급격하게 저하된다. 근감소증을 예방하는 방법은 충분한 단백질 섭취와 운동이다. 단백질을 충분히 섭취하여 근육을 만들 수 있는 아미노산을 몸에 공급해주어야 한다. 실제로 2009년 65세 이상의 한국인을 대상으로 조사한 결과에 따르면 50퍼센트가 단백질을 영양섭취 기준 미

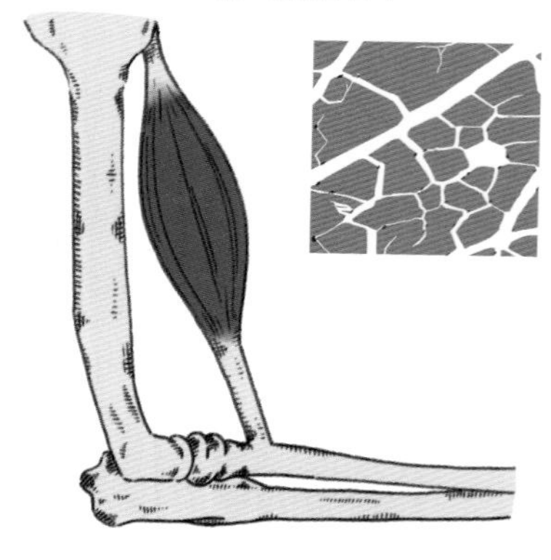

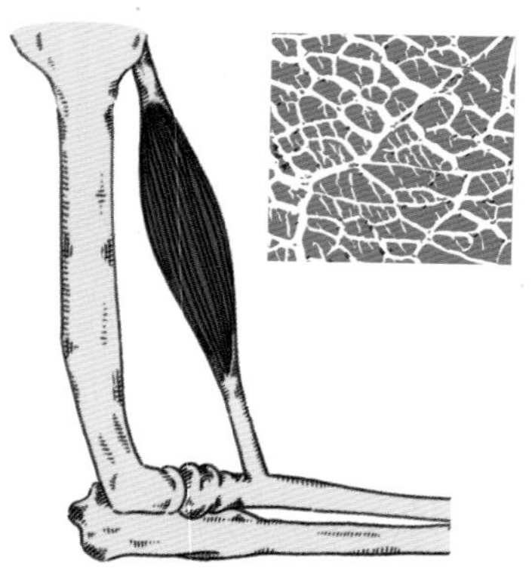

그림 71 근육감소증 동물의 근육조직 변화

만으로 섭취하고 있다고 한다.✣ 저항성 운동을 하면 근육감소증을 막는 데 도움이 되고, 심지어는 회복되기도 한다.✣✣

✣ 홍상모, 최웅환. Sarcopenia의 최신지견: 근감소증, Korean J Med 2012;83(4):444-454.

✣✣ Musumeci, G. Sarcopenia and Exercise "The State of the Art". J. Funct. Morphol. Kinesiol. 2017, 2, 40.

생의 순환

〈죽음과 삶Death and Life〉, 1910~1915

앞서 여러 그림을 통해 살펴본 바와 같이, 클림트는 인간의 발생 전 상태인 정자와 난자 그리고 수정 발생 과정, 임신의 진행, 아이가 태어나 성숙해 엄마가 되고 늙어가는 과정을 모두 그렸다. 이제 딱 하나만이 남았다. 바로 죽음이다.

클림트는 1892년에 아버지와 동생을 잃고, 사랑하는 아들 오토도 1902년에 떠나보냈다. 이러한 상실 경험은 그의 작품에 온전히 반영되었다. 인생의 거대한 순환 고리의 마지막 매듭인 〈죽음〉을 1911년 로마 국제 미술 전시회(아트페어)에 출품했고, 금메달을 수상했다. 원제는 〈죽음〉이었으나 1912년 드레스덴에서 열린 전시회 때 〈죽음과 삶〉으로 특별한 설명 없이 제목을 수정했다.[✣] 결국

✣ https://artsandculture.google.com/story/JQXxUvLNdwVQKg

그림 72 〈**죽음과 삶**Death and Life〉, 1910~1915, 200.5×180.5cm, 빈 레오폴트 미술관, 캔버스에 유채

죽음도 삶의 커다란 수레바퀴 중 하나이며, 별개의 것이 아니라는 점을 명확하게 전달하고자 한 것으로 보인다. 자신의 작품에 특별한 의견을 내지 않은 클림트였지만, 〈죽음과 삶〉이 가장 애정이 가는 작품이라고 이야기한 바 있다.

자, 그럼 클림트가 가장 애정을 가진 작품 〈죽음과 삶〉을 살펴보자. 그림은 먼저 죽음을 상징하는 저승사자가 있는 왼쪽 구역과, 삶을 표현한 사람들 군상이 있는 오른쪽 구역으로 나뉜다. 죽음의 구역에는 서양의 죽음의 신인 리퍼Grim Reaper가 서 있다. 통상 리퍼의 모습은 골격만 남은 해골로서, 검은색 망토를 입고 긴 자루가 달린 낫을 들고 있는 걸로 표현된다. 그런데 클림트의 리퍼는 검은색 망토가 아닌 다양한 종류의 십자가로 장식된 옷을 입고 있다. 게다가 낫 대신 나무로 된 듯한 몽둥이를 들고 있다. 해골은 삶의 구역을 섬뜩한 느낌으로 예의주시한다.

삶의 구역을 보면, 〈철학〉과 〈의학〉에서 표현된 우리의 인생 여정이 고스란히 그려져 있다. 한 쌍의 연인, 아기, 어린이, 성숙한 소녀, 어린 자녀를 둔 어머니 그리고 노인으로 생명의 고리가 이어진다. 해골과 마주한 가장 왼쪽의 여자만이 눈을 치켜뜨고 관객과 죽음의 신 사이를 보고 있다. 보기에 따라 살짝 놀란 것으로 보일 수도 있는 이 여인은 사신과 눈을 마주친 게 아닐까? "저 말입니까?"라고 자신을 찾아온 죽음의 신에게 물어보는 것 같기도 하다. 그럼에도 불구하고 아무도 이것을 인지하지 못하거나 거역할 수 없어서, 그냥 잠 같은 상태를 유지하며 자신만의 꿈을 꾸고 있는 것 같다.

그림 곳곳에 여러 가지 아이콘으로 구성된 모자이크가 보이는데, 바로 다음에 설명하겠지만, 여기에는 클림트가 전하고자 하는 생명의 코드가 숨어 있다. 우리 인간은 언젠가는 죽을 운명에 처해 있다. 개개인의 삶에서는 죽음으로 모든 것이 끝나는 것 같지만, 후속 세대들이 계속해서 생의 순환을 이어간다. 즉, 죽음은 생과 함께 계속 공존한다.

그림을 수정하다

앞의 그림 72는 원래 〈죽음과 삶〉의 초본이 아니다. 클림트는 1915년에 그림을 한 번 수정했는데, 1910년에 그린 초본이 바로 그림 73(1910)이다. 1910년의 작품은 한 미술 잡지사에서 촬영한 것이 남아 있어, 지금도 운 좋게 확인이 가능하다.✣ 1915년에 수정된 그림을 보면, 먼저 배경색이 달라졌다. 배경색을 금색과 오렌지색에서 회색과 초록빛이 도는 색으로 수정했고, 모자이크 부분을 수정해 전달하려는 메시지(인간은 세포로 구성되어 있고, 생식을 통해 생명은 연속성을 지닌다. 즉 개체는 죽어가지만 종족은 계속된다)를 다듬었다. 삶 구역에 세 명의 인물이 추가되었고, 가장 아래 있는 여인의 머리를 긴 머리에서 커트 형태로 바꾸어 정돈했다.

✣ https://artsandculture.google.com/story/JQXxUvLNdwVQKg

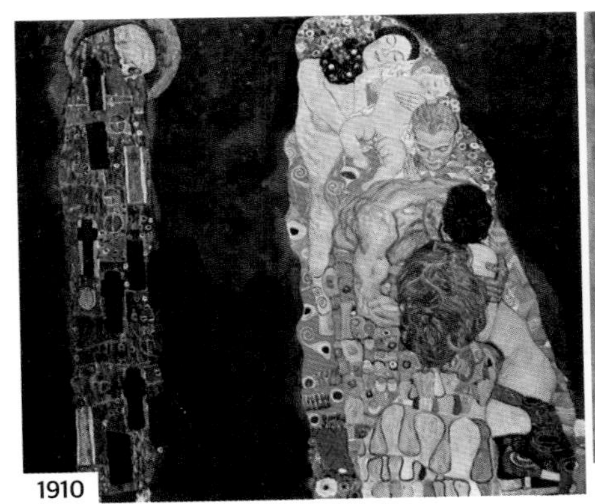

그림 73 〈**죽음과 삶**〉 수정 전(1910), 수정 후(1915)

1910년에 표현된 죽음의 신은 몽둥이를 들고 있지 않고, 조용히 공간을 지키고 있다. 그리고 바닥을 응시하고 있어서 삶 구역과 상호작용도 없어 보인다. 그런데 1915년 수정본에는 죽음의 신이 몽둥이를 들고 삶의 구역을 바라보면서 적극적인 공세를 취하고 있다. 삶 구역에서도 새로 추가된 여자가 놀란 표정으로 반응한다. 1910년에서 1915년 사이에 무슨 일이 일어났기에 그림을 이렇게 수정한 걸까? 멀리 있다고 생각했던 자신의 죽음이 점점 가까워 오는 것을 직관적으로 느꼈던 걸까? 아버지의 사망을 목격한 클림트는 실제로 아버지가 돌아가신 나이 '55세'에 두려움을 갖고 있었다. 그리고 참 불운하게도, 실제로 그는 그림을 수정하고 3년 뒤인 1918년에 55세의 나이로 사망했다.

여자의 치마폭에 표현된 자궁

다시 좀 더 〈죽음과 삶〉을 살펴보자.

그림 74A와 74C는 삶 구역 맨 아래 위치한 여자의 치마를 확대한 그림이다. 마치 상피세포 같은 형태의 타일로 메워져 있는데, 그림 속에 U자로 표시된 부분이 자궁의 형태를 한 부분이다. 그림 74B는 앞서 자궁의 형태를 보여준 그림들이다. 독자들은 그림 74A에 표현된 자궁 그림과 유사함을 알 수 있을 것이다.

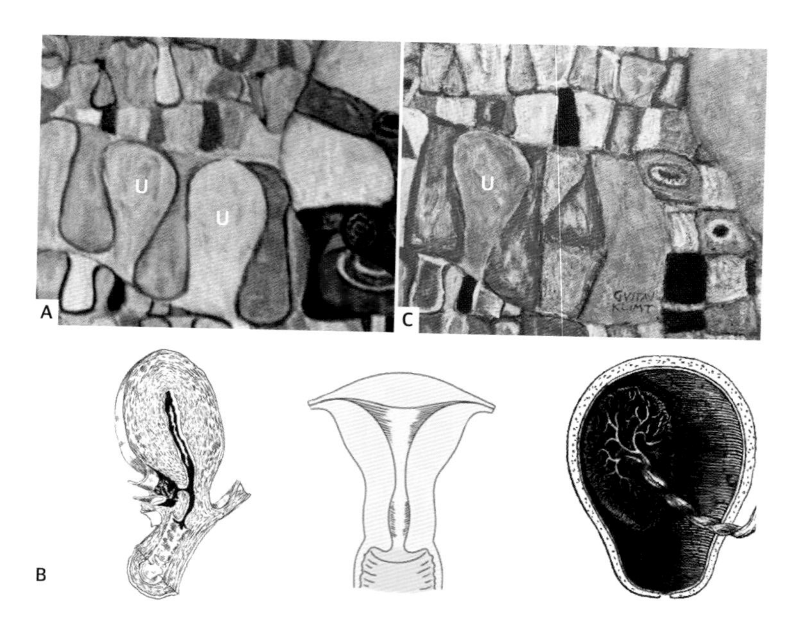

그림 74 A: **〈죽음과 삶〉**(1910) 수정 전 부분 그림, B: 이 책에서 제시한 자궁의 단면, C: **〈죽음과 삶〉**(1915) 수정 후 같은 부분

그림 74A는 1910년 판 〈죽음과 삶〉에 그려진 여인의 치마 부분이다. 클림트는 그림을 수정하면서 2~3개의 자궁 형상을 하나로 바꾸었다. 그림 74C를 보면 U 표시된 부분이 2개에서 1개로 줄어든 것을 볼 수 있다. 인체 해부학을 기반으로 적절한 수정을 한 것으로 보인다. 사람의 자궁은 하나이기 때문이다.

남자의 옷자락에 나타난 세포분열

생물은 세포분열을 통해 생명현상에 필요한 세포를 확보한다. 일반적인 세포는 체세포분열을, 생식세포는 감수분열을 한다. 감수분열을 하는 생식세포는 수정 후에 염색체가 원상복구된다. 〈죽음과 삶〉에서 삶 쪽에 있는 건장한 남자의 옷자락을 보자(그림 75A).

타일같이 그려진 부분이 있다. 모두 세포와 세포분열의 형태를 묘사한 것으로 보인다. 오른쪽에 작은 노란색에 검은 점이 있는 구조가 보이는데, 이것은 세포분열 후 2개의 딸세포다(그림 75A 내 빨간색 화살표). 클림트와 분리파 활동을 같이 했던 프르지브람 박사✣와 헤켈✣✣의 그림으로 보면, 그림 75B의 4번, 그림 75C의 6

✣ Przibram, H. Embryogenese. Eine Zusammenfassung der durch Driesch's Versuche ermittelten Gesetzmaßigkeiten tierischer Ei-Entwicklung (Befruchtung, Furchung, Organbildung). Wien: Franz Deuticke (1907).

✣✣ Haeckel, Anthropogenie, oder, Entwickelungsgeschichte des Menschen: Keimes- und Stammes-Geschichte, 1903

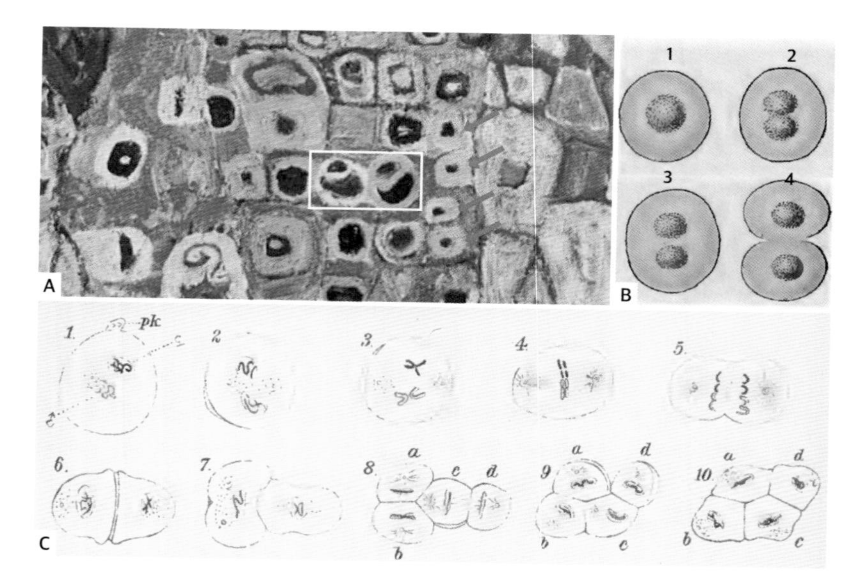

그림 75 〈**죽음과 삶**〉 속의 세포분열

A: 남자 옷 부분의 타일 아이콘이 분열 중인 세포로 보인다. B: 세포분열시 핵의 변화(헤켈, 1903), C: 1907년 프르지브람 박사가 쓴 《동물발생학》 책에 있는 세포분열 스케치

번에 해당한다. 그리고 그림 75A에 흰 박스로 표시된 세포를 보면, 둥근 세포 내에 핵이 2개가 보이는데, 아직 세포질이 갈라지지 않은 단계로서 이는 그림 75B의 3번, 그림 75C의 5번에 해당한다.

이 그림에도 마찬가지로, 인간 개개인의 죽음은 피할 수 없지만 인류의 생명력은 세포분열과 생식을 통해 다음 세대로 이어져 영속한다는 클림트의 생각이 담겨 있다.

계통과 진화

〈스토클레 프리즈Stoclet Frieze〉, 1905~1919

그림 76은 브뤼셀에 있는 저택 '팔레 스토클레'의 식당 내부 사진으로, 각 벽면에 클림트의 그림이 있다. 이 중 〈생명의 나무〉가 워낙 유명해서 〈스토클레 프리즈〉라는 작품이 독자들에겐 익숙하지 않을 것이다. 마치 미켈란젤로의 〈천지창조〉는 익숙한데, "시스티나 성당의 천장화"라고 하면 직관적으로 연결이 안 되는 것처럼 말이다.

그도 그럴 것이 '스토클레'라는 명칭은 개인 사업가의 이름이니 더더욱 생경할 수밖에 없다. 벨기에의 사업가 아돌프 스토클레Adolf Stoclet, 1871~1949는 1904년 빈 공방의 요제프 호프만Joesf Hoffmann, 1870~1956✣에게 브뤼셀에 있는 자신의 새로운 저택의 건축을 의뢰

✣ 빈의 분리주의 운동을 주도했던 오스트리아 현대 건축가로 콜로만 모저와 함께 빈 공방을 창립했다.

그림 76 〈**스토클레 프리즈**〉가 설치된 식당의 사진

했다. 스토클레는 턴키 방식으로, 즉 시공자가 비용에 구애받지 않고 그 시대 최고의 저택을 짓도록 발주했다. 호프만은 클림트에게 식당 벽을 장식할 그림을 요청했고, 빈 공방의 모든 역량을 쏟아부었다.

이 저택은 1911년에 완성되었는데 건축 비용은 밝혀진 바 없다.✣ 이 저택을 종합예술의 완벽한 극치라 평하기도 하는데, 2009년 유

✣ 프랭크 휘트포드, 《클림트》, 시공사, 김숙 옮김, 2002.

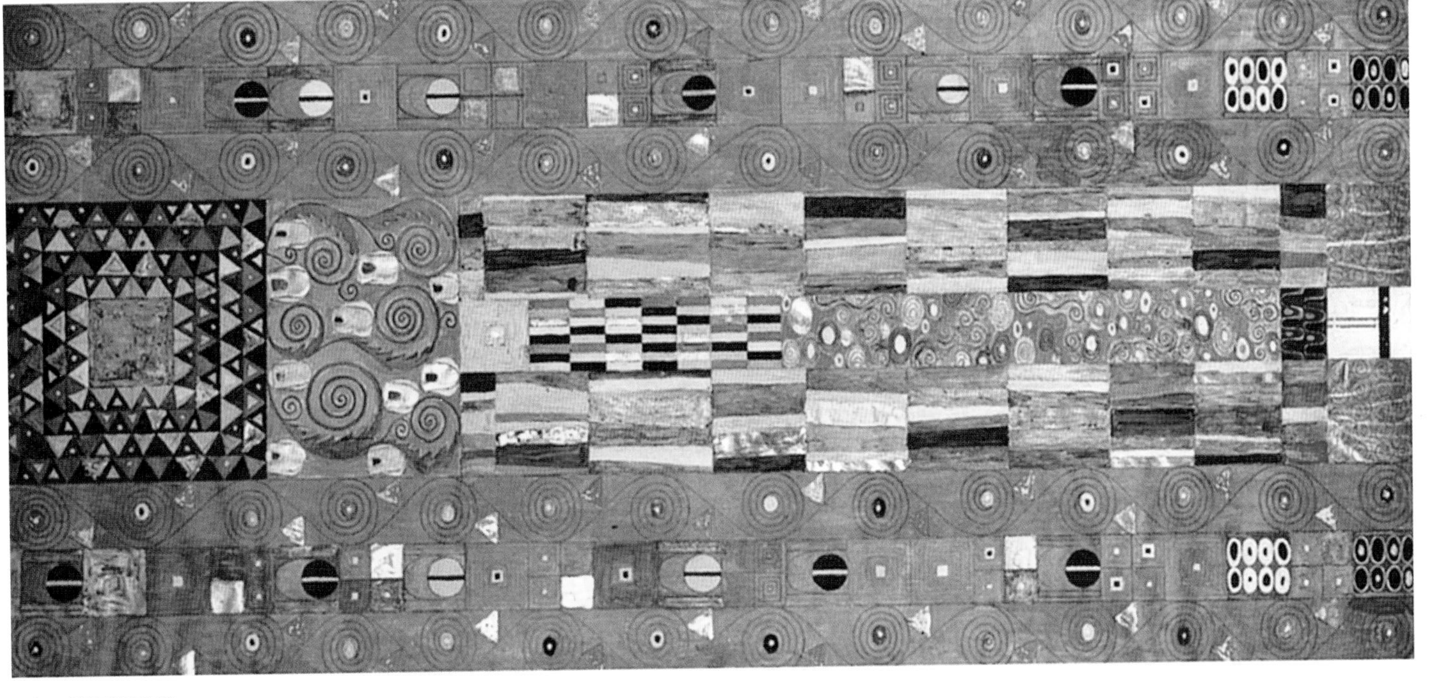

그림 77 〈황금의 기사〉

네스코 세계문화유산으로 지정되었다. 벽화를 의뢰를 받은 클림트는 〈베토벤 프리즈〉의 이야기를 그대로 끌고 왔다. 〈베토벤 프리즈〉의 줄거리는 행복을 기원하는 약한 사람들의 기대에 부응해 황금 옷을 입은 용감한 기사가 위험한 적들을 물리치고 사랑하는 사람의 품에 귀환한다는 내용이다.

1914년에 촬영된 사진(그림 76)을 통해 벽화가 설치된 공간을 살펴보자. 정면의 벽 쪽이 집주인 스토클레의 자리다. 그 위에 벽화가 하나 걸려 있는데 작품명은 〈황금의 기사〉다. 왼쪽 벽면에는 넓게 〈포옹〉이, 오른쪽에는 〈기다림〉을 포함한 벽화가 설치되어 있다. 〈베토벤 프리즈〉 속 위험한 세력의 악당 티포에우스의 역할은 〈스토클레 프리즈〉에선 이집트 신 호루스의 독수리에게 주어졌다. 독수리는 맹금류로 최상위 포식자다.

가장 가운데 벽면에 있는 〈황금의 기사〉는 이 집의 수호자 위치에 있으면서 주인을 보호하는 듯하다. 전체적인 구성이 정사각형, 삼각형, 원으로 이루어져 수학적으로 설계된 것 같은 그림이다. 오랫동안 미술사학자들은 막연히 추상적인 그림이라 생각했다. 그러나 후에 "이 부분은 기사에 해당된다"라는 말이 적힌, 클림트가 에밀리 플뢰게에게 보낸 엽서가 발견되면서 비로소 그림 속 정체를 명확히 알 수 있게 되었다.✣

✣ https://artsandculture.google.com/story/FQUhtDQVcrnvKg

〈생명의 나무 The Tree of Life〉

〈스토클레 프리즈〉의 핵심 모티브는 〈생명의 나무〉다. 나무는 벽화의 중심부에서 시작하여 양쪽 끝까지 줄기를 뻗어나간다. 뿌리에서 나오는 큰 줄기는 계속 가지를 뻗어나가는데, 멀리 갈수록 직경이 좁아진다. 뿌리로부터 올라오는 큰 줄기에는 여러 가지 형상을 한 세포의 아이콘이 장식되어 있고, 나뭇가지에 호루스의 독수리가 앉아 있다. 줄기의 끝은 둘둘 말려 있는 전형적인 아라베스크 패턴이며, 군데군데 독특한 문양의 꽃이 덧그려져 있다. 어떻게 보면 눈처럼 보이기도 하여 호루스의 눈으로 보는 견해도 있다.

생명 계통수에 장식된 세포

그림 78 왼쪽에서 직관적으로 알 수 있듯이 클림트의 〈생명의 나무〉는 헤켈의 '생명 계통수'로부터 디자인적 측면이나 과학적인 관점의 아이디어를 얻었다. 나무의 구조뿐 아니라, 가지 끝의 모양을 아라베스크 무늬로 도식화한 것이 그러하다. 이러한 생명의 나무 가지 형태는 클림트의 〈키스〉, 〈희망 II〉, 〈죽음과 삶〉 등의 작품에도 나타난다. 이것은 인간은 자연계를 구성하는 다양한 생물 중 하나이며, 서로 연결되어 있다는 메시지의 상징이다.

생물은 가장 원시적인 단세포 생물로부터 시작하여 크게 동물

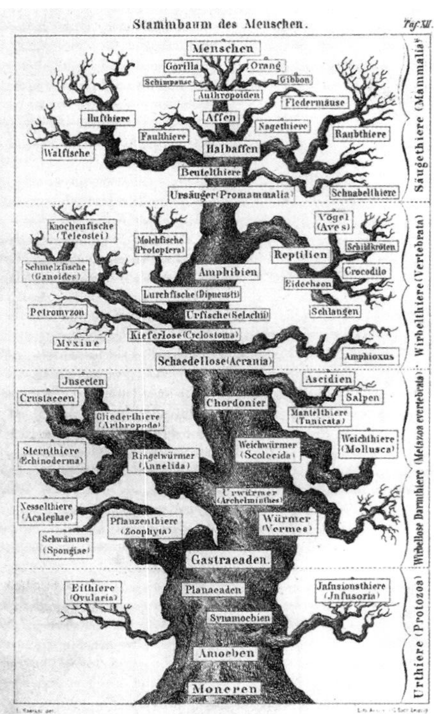

그림 78 **〈생명의 나무〉**와 헤켈의 생명 계통수

계와 식물계로 나뉜다. 생물을 특징에 따라 분류하고 배열해 분석해보면, 발달의 연관성에 따라 계통수를 만들 수 있는데, 헤켈이 이러한 과학적 내용을 예술적으로 표현한 것이 그림 78 오른쪽의 계통수이다.

〈생명의 나무〉에서 보면 땅에서 막 나온 줄기 부위에는 상대적으로 작은 세포가 독립적으로 존재하고, 위로 올라갈수록 세포들

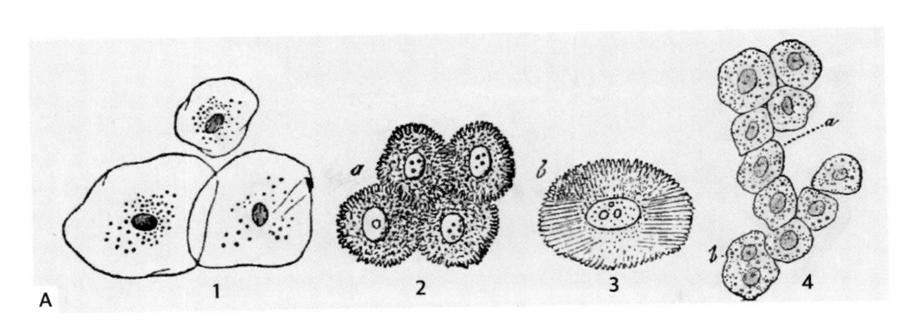

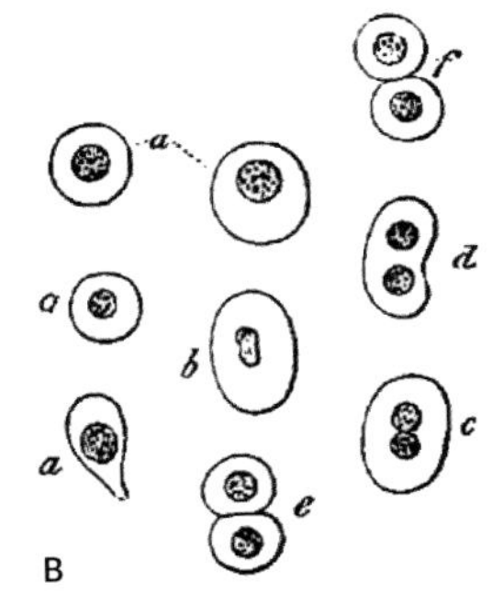

그림 79 헤켈의 책에 표현된 다양한 형태의 인체 세포
A: 1-혀 상피세포
2, 3-피부 표피세포
4-간세포
B: 발생 중인 염소의 혈액으로 세포분열이 관찰됨

이 집단을 이루며 크고 작은 세포들이 혼재되어 있다. 단세포 생물에서 다세포 생물로 점점 복잡하게 발달해가는 과정을 묘사한 것으로 볼 수 있다.

동물과 식물은 모두 세포로 구성되어 있다. 헤켈의 책에서 발췌한 그림 79를 보면 혀 상피세포, 피부 표피세포, 간세포, 혈액의 형태가 다양함을 알 수 있다. 특히 상피세포는 전형적인 동물 세포의 특성을 띤다. 1900년대에 사용된 광학 현미경 수준에서 관찰하면, 염색약에 진하게 염색되는 핵이 세포막 안에 존재하고 그 주위에 세포질이 있다. 세포질 속에는 세포 소기관이 과립이나 실 같은 형태로 관찰된다. 〈생명의 나무〉에서 특정한 세포를 표현했다고 1대1로 지목하기는 어렵지만, 그림 79의 세포의 형태를 눈에 익히고 줄기에 표현된 아이콘을 보면 마음의 눈으로 연결이 가능할 것이다.

신경세포

신경해부학 전공자라면 그림 79A의 화살표가 가리키는 부분을 보는 순간, 이 부분이 신경세포를 표현했다는 생각을 하게 될 것이다. 그림 80B를 보면, 다각형으로 생긴 2개의 세포가 보이는데, 이 그림은 독일의 해부학자 요하네스 소보타Johannes Sobotta, 1869~1945가 1902년에 출판한 《조직학 아틀라스Atlas der deskriptiven Anatomie des Menschen》에 나오는 신경세포 스케치다.✣ 세포 속에 동그란 핵이 명확하게 보이고, 그 속에 진한 검은색으로 염색된 인이 보인다. 핵

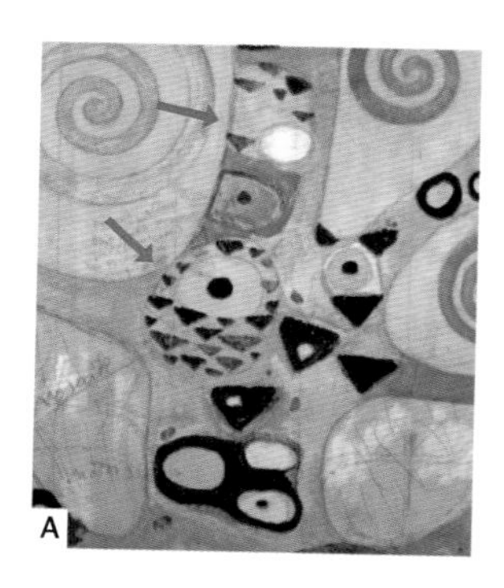

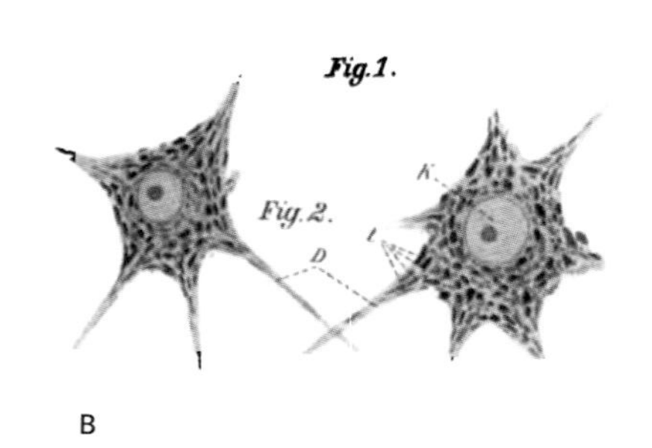

그림 80 A: 〈**생명의 나무**〉 부분 그림, B: 소보타 그림책의 신경세포 스케치

의 주변이 세포질인데 뭔가 특이하다. 호피 무늬 같은 패턴이 세포질을 채우고 있다. 이 구조는 독일의 신경병리학자 프란츠 니슬 Franz Nissl, 1860~1919이 신경세포에서 발견한 구조로서, 니슬소체라고도 하고 호피무늬소체Tigroid Body라고 부르기도 한다.

다시 그림 80A의 화살표가 지목하는 세포를 보자. 세포질 내에 삼각형으로 된 작은 구조가 배열되어 있는데, 클림트는 니슬소체를 이렇게 표현한 것 같다. 세포의 형태가 타원과 다각형으로 차이가 있어 보이지만, 실제로 신경세포의 위치에 따라 세포체가 다각형인 경우도 있고 타원인 경우도 있으니 이 또한 이해가 된다. 또 현미경으로 관찰하다 보면 꼭짓점에서 뻗어나가는 가지들이 모두 선명한 다각형으로 관찰되지 않는다.

〈기대 The Expectation〉

〈댄서〉라고도 불리는 이 그림은 클림트가 살았던 당시의 현대 무용수들로부터 영향을 받은 것으로 알려져 있다. 댄서가 취하고 있는 자세를 보면 얼굴은 측면에서 본 모습을, 상반신은 정면에서 본 모습을 그린 전형적인 고대 이집트식 기법이 사용된 걸 알 수 있다.✣✣ 이집트 사람들은 머리가 옆에서 보여질 때 그 사람의 모

✣ Sobotta J. Atlas und Grundriss der Histologie und microskopischen Anatomie des Memschen. Munchen: Lehmann; 1902.

✣✣ https://artsandculture.google.com/story/FQUhtDQVcrnvKg

그림 81 왼쪽: 응용 미술관에 있는 〈**기대**〉 실물 작업용 그림, 오른쪽: 스토클레 저택에 설치된 〈**기대**〉 실물 사진

습이 가장 잘 드러나고 상반신은 앞쪽에서 봐야 잘 드러난다고 생각해 이런 원칙으로 그렸다.✣ 치마의 장식을 보면, 황금빛 삼각형 속에 다양한 형태의 아라베스크 무늬가 있고, 그 사이사이에 다양한 색상의 삼각형이 채워져 있다. 댄서의 머리 장식과 손을 장식하

✣ 에른스트 H. 곰브리치,《서양미술사》, 예경, 백승길/이종승 옮김, 2003.

는 팔찌 등은 당시 빈 공방의 디자인을 그대로 반영한 것이다.

그림 81 오른쪽 사진은 스토클레 저택에 시공된 〈기대〉이다. 잘 구워진 타일 위에 금과 보석 등으로 장식해 더욱 아름답고 화려하다. 금 세공사였던 아버지를 둔 클림트의 타고난 재능과 빈 공예학교에서 배운 다양한 공부가 고스란히 녹아 있다.

〈포옹 The Embrace〉

이제 마지막으로 〈포옹〉을 보자. 붉은 가운을 입고 등을 보이고 선 남자가 초록색 드레스를 입은 여자를 친밀하게 안고 있다.[✣] 여자의 옷은 아주 좁은 부분만 길게 노출되어 있는데, 꽃과 원형을 중심으로 장식되어 있다. 남자의 옷은 붉은색 바탕에 다양한 무늬들로 장식되어 있다. 커다란 동심원이 들어가 있는 원판이 옷의 상당 부분을 덮고 있다. 그런데 이 원판의 안쪽에 눈과 같은 구조가 보인다. 동공이 수직으로 갈라져 있어 마치 파충류의 눈동자를 연상시킨다. 그 사이에 새가 세 마리 그려져 있고, 물고기도 한 마리 보인다. 클림트는 마치 〈희망 I〉에서 선형동물, 어류, 양서류, 파충류를 등장시킨 것과 같이 진화의 다양한 단계에 있는 동물들을 〈포옹〉에 묘사한 것 같다.

✣ https://artsandculture.google.com/story/FQUhtDQVcrnvKg

그림 82 〈포옹〉

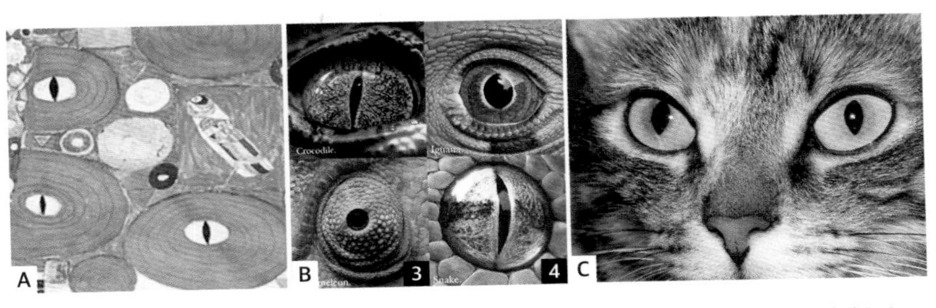

그림 83 A: 〈**포옹**〉의 부분 그림, B: 파충류의 눈동자 1-악어 / 2-이구아나 / 3-카멜레온 / 4-뱀(이미지: © 2023 Reddit Inc.), C: 고양이의 눈동자

파충류 또는 고양이 눈동자

〈포옹〉의 많은 부분을 채우고 있는 동심원판의 구조 가운데 부분(그림 83A)을 보면, 파충류의 눈동자(그림 83B) 같은 게 보인다. 파충류는 눈동자의 모양이 둥글게 열린 형태와 길게 열린 형태 두 가지가 있는데 야행성이 강한 종은 동자가 긴 방향으로 나 있어 빛을 효과적으로 차단할 수 있다. 또 하나의 가능성은 고양이의 눈동자다(그림 83C). 클림트는 고양이 집사로 알려져 있다. 클림트의 스튜디오에는 통상 10여 마리의 고양이가 있었는데 실제로 고양이를 그린 그림은 알려진 바 없다. 어쩌면 클림트가 〈포

그림 84 고양이 집사 클림트

옹〉에 고양이의 눈동자를 그려 넣었을지도 모르겠다.

남성의 상징

남자의 가운 아래쪽에 흑과 백의 사각형으로 구성된 큰 사각형 부분(그림 85A)이 보이는데, 이는 〈키스〉의 남자 옷에 장식된 직사각형을 떠올리게 한다. 검은색 직사각형은 이미 〈키스〉와 〈다나에〉에서 언급한 바와 같이 남성의 성기를 상징한다. 직사각형에 흰점으로 장식되어 있는 형태는 〈키스〉에서 그림 85B의 타원처럼 묘사한 정자 목 부분의 변형으로 보인다. 그림 85A에서 사각형이 크고 작은 모양으로 그려진 것은 〈죽음과 삶〉의 세포로 생각되는 사각형 모자이크 부분(그림 85C)과 연결된다. 정리하면 이 부분은 강

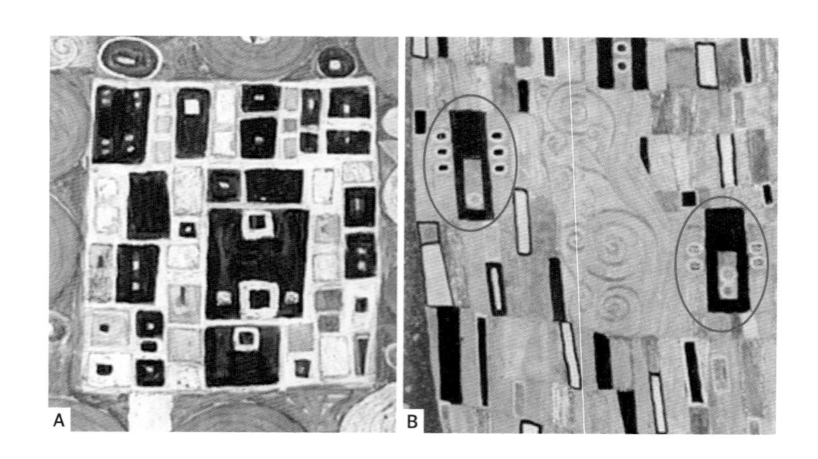

력한 남성성을 상징하는 요소다.

클림트가 살았던 시절이나 지금이나 가장의 위치는 삶의 무게를 떠받든 가장 힘든 자리다. 겉으론 한없이 강해 보이지만, 세상의 많은 위험과 스트레스를 감당하고 하루하루 전투에서 살아남아 집으로 무사 귀환한다. 클림트는 그 마지막 순간 사랑하는 사람과 따뜻한 포옹으로 위로받고 사랑하라는 메시지를 그림에 담아낸 것은 아닐까?

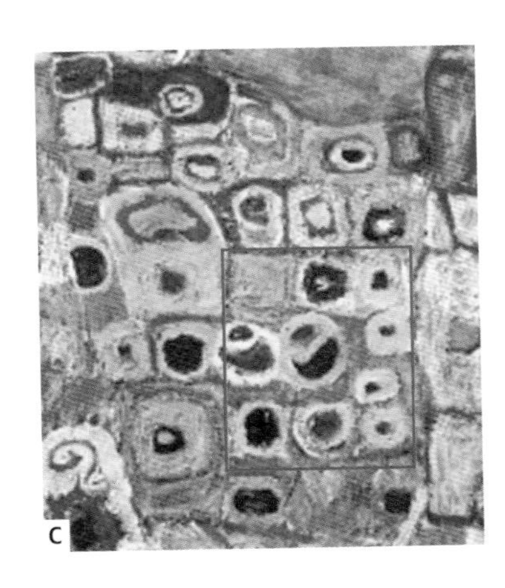

그림 85
A: 〈**포옹**〉의 부분 그림
B: 〈**키스**〉의 부분 그림
C: 〈**죽음과 삶**〉의 부분 그림

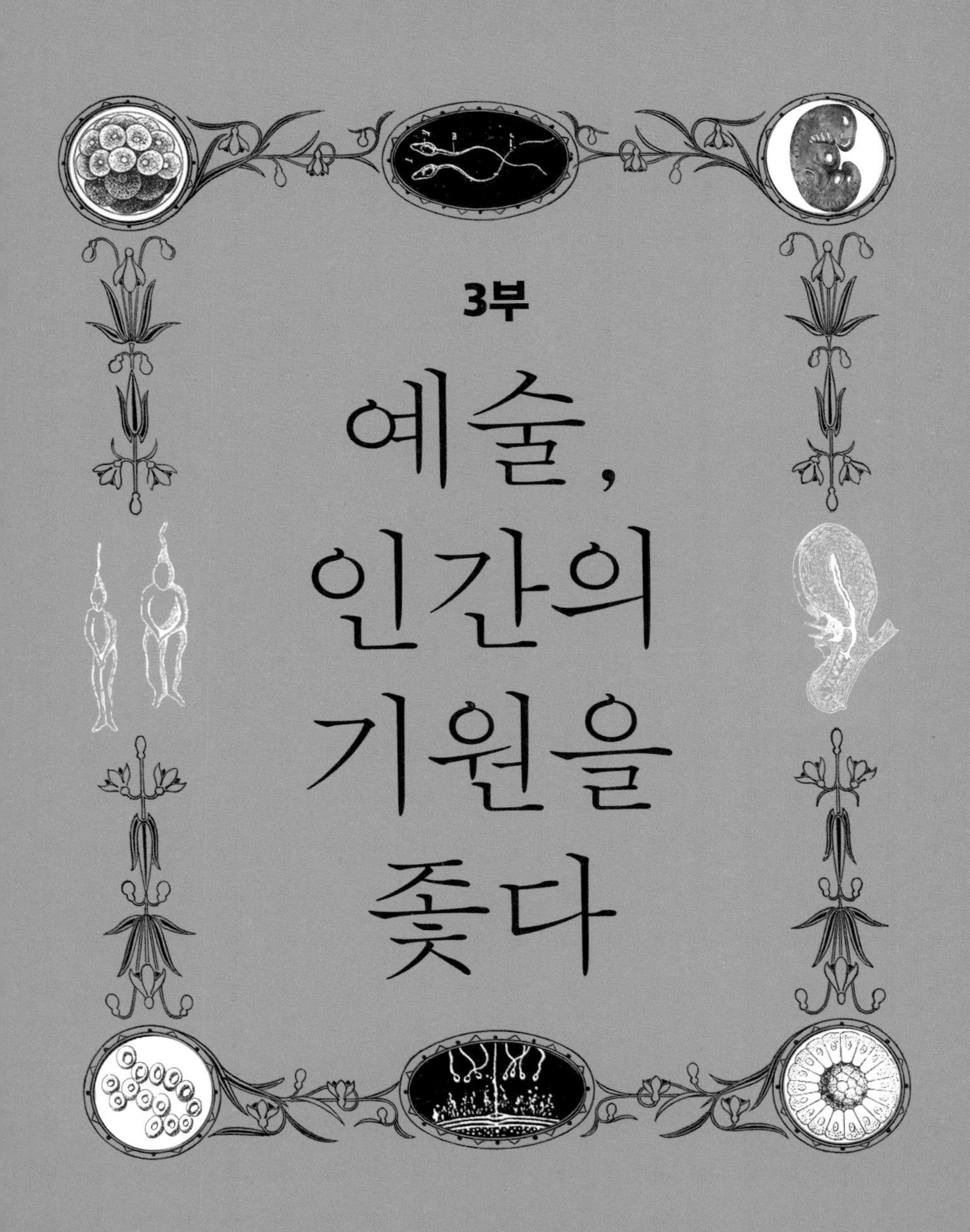

3부

예술, 인간의 기원을 좇다

괴물의 스케치

오딜롱 르동 〈기원Les Origines〉, 1883

지금까지 클림트의 작품들이 발생학과 진화론적 사상에 기반해 생로병사라는 인생의 주기를 담았음을 살펴봤다. 〈키스〉와 〈다나에〉에서 발생 전의 난자, 정자, 수정 과정 그리고 발생 1주를 표현했고, 〈희망 I〉과 〈희망 II〉에 임신을 통해 겪는 임산부의 정신적·육체적 변화를 그렸다. 그리고 〈여인의 세 시기〉, 〈죽음과 삶〉에서 신생아로부터 죽음에 이르는 인생의 여정을 기록했다.

필자가 클림트와 발생학에 관한 이야기를 할 때 가장 많이 듣는 질문이 "이렇게 발생학, 진화론, 세포에 대한 이해를 기반으로 작품을 그린 화가가 또 있는가?"이다. 3부는 이 질문에 대한 답변이다.

제일 먼저 소개할 그림은 오딜롱 르동이 발표한 〈기원〉이란 제목의 석판화 아홉 장이다.

오딜롱 르동은 프랑스의 대표적인 상징주의, 초현실주의 작가

그림 86 **오딜롱 르동, 〈기원Les Origines〉** 표지, 1883, 보스턴 미술관, 석판화

이다. 오딜롱 르동은 다윈 사망 1년 후에 〈기원〉이란 제목 아래 아홉 장의 석판화를 그려냈다. 마치 제목이 다윈의 《종의 기원》을 연상케 한다. 처음에는 제목이나 일련번호가 없었으나, 후에 수집가들을 위해 진화의 과정을 의미하는 설명이 추가됐다.

〈기원〉의 표지 그림(그림 86)에 이 작품의 내용이 요약되어 있다. 그림을 살펴보면 박테리아, 세포, 올챙이, 고슴도치 같은 머리카락을 가진 떠다니는 선행 인류의 머리, 느슨하게 스케치된 여자의 얼굴, 인어 등 다양하고 광범위한 생물체들이 보이는데, 마치 원시 세계를 떠올리게 한다.✣ 정리하면 인류의 기원이 원시 생물체로부터 진화해온 것임을 묘사했다고 볼 수 있다.

조금 주관적으로 살펴보면 올챙이로 보이는 형태는 정자로, 작은 원형 구조는 난자로 해석할 여지가 있다. 르동이 살던 시기에 이미 정자와 난자의 형태를 현미경으로 볼 수 있었기에 이렇게 표현했다고 해도 과장이 아니다.

어린 시절 르동에게는 좋은 멘토가 있었는데, 식물학자 아르망 클라보Armand Clavaud, 1828~1890이다. 클라보는 항상 현미경을 가지고 다니며 관심 있는 대상을 관찰했고, 르동에게 현미경을 통해 자연을 관찰하는 법을 알려주었다. 이러한 이유로 르동은 현미경으로 볼 수 있는 세계에 대한 이해가 높았고 식물에 대한 지식도 풍부했다. 이 같은 배경이 르동의 그림에 반영되었다고 볼 수 있다.

1870년, 30대에 들어선 르동은 파리에 정착한다. 이때 파스퇴

✣ Donald, Diana. Endless forms. England: Fitzwilliam Museum, 2009.

그림 87 〈**기원**〉의 세부 작품

르 박사의 미생물에 대한 연구결과가 언론 등에서 계속 소개됐는데, 이에 큰 관심을 보인 르동은 〈기원〉을 파스퇴르 박사에게 보내기도 했다. 그림을 받은 파스퇴르 박사는 "르동만이 이런 괴물들에게 생명을 불어넣을 수 있다"고 말했다.✣

르동의 '괴물들'에 대한 아이디어는 주로 자연사 박물관에서 유래한 듯하다. 그 당시 자연사 박물관에서는 프랑스의 박물학자 에티엔 조프루아 생틸레르**Étienne Geoffroy Saint-Hilaire, 1772~1844**, 생물학자 장바티스트 라마르크**Jean-Baptiste Lamarck, 1744~1829** 그리고 찰스 다윈과 관련된 강좌들이 대중에게 열렸다. 르동은 '괴물'의 한 부분

✣ Gamwell L. Perceptions of science. Beyond the visible--microscopy, nature, and art. Science. 2003 Jan 3;299(5603):49-50. doi: 10.1126/science.1077971. PMID: 12511631.

이 과장되면 다른 부분이 축소되거나 위축된다는 원칙에 따라 그림을 그렸는데(균형은 다른 방식으로 깨지거나 잡힌다는 것), 이런 생각은 생틸레르나 다윈 두 사람의 이론에서 발견되는 것이었다.[✣]

르동의 그림에는 유독 꾸불거리는 형상이 많이 보이는데, 이는 어린 시절, 발작을 일으키는 뇌전증을 앓으면서 그 영향으로 시야가 왜곡돼 보였기 때문으로 추론된다. 그림 87은 〈기원〉의 여덟 개 세부 작품이다. 1번부터 8번 순으로, 배아단계의 식물 같은 형태에서 반인간 형태를 거쳐 원시인까지 도달한다.

〈양서류〉라는 제목의 1번 석판화는 개와 같은 모습을 한 바다 생물이며, 르동은 이 그림에 덧붙여 "생명… 불분명한 물질의 깊은 곳에서 깨어나는"이라고 기술했다. 석판화 2번 〈살아 있는 꽃〉은 초원에서 자라는 꽃에 사람의 거대한 둥근 눈을 그려 넣은 것으로 식물과 인간의 키메라다. 이는 동식물이 분리되지 않았던 시기를 암시한다.

석판화 3의 제목은 〈이상한 폴립〉으로, 이마 한가운데에 거대한 눈이 하나 있는 선행 인류의 머리이다. 르동의 말을 빌리자면, "웃고 있지만 흉측한 사이클롭스와 같은 종류"이다. 3번 석판화는 이 시리즈에서 인간과 유사한 형태의 첫 등장인데, 아마도 호메로스가 《오디세이아》에서 언급한 괴물을 등장시킴으로써 인류 진화과정 중 멸종된 인류에 대해 암시하는 듯하다.[✣✣] 석판화 4번은

✣ Donald, Diana. Endless forms. England: Fitzwilliam Museum, 2009.

✣✣ Donald, Diana. Endless forms. England: Fitzwilliam Museum, 2009.

호메로스 시대의 〈가시 옷을 입은 사이렌Siren〉으로, 양서류와 유사한 켄타우로스 같은 생물로도 알려져 있다. 석판화 5번은 〈냉소적인 미소를 띤 사티로스Satyr[✣]〉로, 사티로스의 머리와 중세 악마와 같은 흔적의 뿔을 가진 인간의 모습이다. 석판화 6번은 〈투쟁과 헛된 승리〉로 여자 켄타우로스가 뱀을 베는 모습이지만, 자신의 궁극적인 멸종을 막지 못할 것이라는 암시를 띠어 가슴 아픈 그림이다. 석판화 7번은 〈힘없는 날개를 가진 페가수스Pegasus[✣✣]〉로 날개 달린 말을 보여주지만, 그림의 설명에서 나타나듯 말은 날개를 더 이상 들어 올릴 힘이 없다. 아마도 개별 종의 변화에 대한 언급일 수도 있고, 페가수스와 그가 상징했던 것들의 상실을 연상시키기도 한다. 석판화 8번은 〈음침한 밝음을 향하여〉로, 에덴에서 추방된 아담처럼, 완전한 형태의 남자가 음침한 밝음을 향해 주저하며 앞으로 걸어가는 것을 보여준다.

르동의 판화 시리즈는 다윈의 진화론과 이를 계승·발전시킨 헤켈의 발생반복설을 지지하는 작품이다. 헤켈에 따르면 인간 배아는 가장 낮은 생명의 단계에서부터 다양한 종의 진화를 겪으면서 완전한 인간 배아가 된다. 헤켈은 "개체발생은 계통발생을 따른다"라고 주장하여 종의 진화 또는 인간 유래의 역사를 요약했다. 그가 말한 세포와 같은 배아의 기원은 많은 예술가들을 끌어들였다. 클림트뿐만 아니라 르동을 비롯한 다양한 예술가들이 다윈

✣ 고대 그리스 신화에서 숲의 신으로, 남자의 얼굴과 몸에 염소의 다리와 뿔을 가졌다.

✣✣ 고대 그리스 신화에 나오는 날개가 달린 천마를 말한다.

이즘과 헤켈이 그린 이미지들의 영향을 받아 현대 세계와는 아주 멀리 떨어진 인류 조상에 대한 상상력을 발휘하게 되었다.

가상의 유인원

가브리엘 폰 막스 〈말 못하는 유인원Pithecanthropus Alalus〉, 1883

헤켈은 진화의 흐름을 고려했을 때 '피테칸트로푸스 알라루스Pithecanthropus Alalus'가 원숭이와 인간 사이, 중간 단계에 있는 가상의 유인원이라고 주장했다. 헤켈은 오랑우탄, 고릴라, 침팬지 등 몸집이 큰 유인원 중에서 아프리카에 서식하는 고릴라나 침팬지보다는 아시아에 서식하는 오랑우탄이 좀 더 인간같이 생겼다고 보았고, 오랑우탄이 현재 사는 동남아시아를 인류의 기원지로 추정했다. 그리고 인류의 가상 기원지를 '레무리아Lemuria'로 명명하고, 그곳에서 기원한 인류 최초의 조상이 피테칸트로푸스 알라루스라고 했다.[✣]

네덜란드의 인류학자이자 해부학자인 외젠 뒤부아Eugène Dubois,

✣ Haeckel, E. (1887). History of Creation. Vol. 2 (New York: Appleton & Company).

그림 88 **가브리엘 폰 막스, 〈피테칸트로푸스 알라루스(말 못하는 유인원Pithecanthropus Alalus)〉**, 1894, 99×65.5cm, 예나 프리드리히 실러 대학교, 캔버스에 유채

1858~1940가 헤켈의 주장을 따라 인도양 중간쯤이라 추정된 레무리아를 찾아 떠난다. 그리고 인도네시아에서 고인류 화석을 발견하게 된다. 그중 인도네시아의 자바섬에서 발굴한 고인류 화석이 1891년에 '피테칸트로푸스 에렉투스Pithecanthropus Erectus'라고 명명되었다.

이를 기념하여 오스트리아의 상징주의 화가 가브리엘 폰 막스Gabriel von Max, 1840~1915는 피테칸트로푸스 알라루스를 그려 헤켈의 60살 생일에 선물한다(그림 88). 그림을 보면, 핵가족의 모습인 듯하다. 남자와 아기를 안고 있는 여자가 보인다. 남자는 강한 유인원 같은 이목구비와 털이 많은 몸을 가지고 있으며, 여자의 머리는 자유롭게 자란 긴 머리이다.✣ 이 그림은 진화론, 계통수, 당대의 탐사를 통해 얻은 고인류의 뼈에 근거하여 그린, 과학과 미술을 연계한 가상의 그림이다.

최종적으로 화석인류가 현생인류와 직접적인 관계가 있다고 인정하기는 어렵단 결론이 났으나, 인류의 기원을 찾으려는 연구는 지속되고 있다. 20세기 말부터 고생물의 유전자를 분석하여 진화인류학 연구가 진행되었고, 이 연구의 최첨단을 이끌어왔던 스웨덴 출신의 스반테 페보Svante Pääbo, 1955~ 교수가 고인류에 대한 새로운 통찰을 제시한 공로로 2022년 노벨 생리의학상을 수상하기도 했다.

✣ Donald, Diana. Endless forms. England: Fitzwilliam Museum, 2009.

생은 순환한다

에드바르 뭉크 〈마돈나Madonna〉, 1894~1902

에드바르 뭉크Edvard Munch, 1863~1944는 우리에게 〈절규〉로 잘 알려진 노르웨이의 국민화가다. 노르웨이 국민들이 뭉크를 얼마나 사랑하는지는 1994~2018년 사이에 사용된 노르웨이 1,000크로네 지폐의 인물로 뭉크가 선정된 것만 보아도 알 수 있다. 특히 〈절규〉는 2019년 CNN이 세계인을 대상으로 설문한 '가장 유명한 그림' 조사에서 4위를 기록했다.

뭉크는 군의관인 아버지와 예술적 감성이 풍부한 어머니 사이에서 1863년 둘째 아들로 태어났다. 개인의 인생으로 볼 때 그리 복 받은 인생이 아니었던 것 같다. 어린 시절부터 엄마, 누나, 동생의 죽음을 봐야만 했는데, 병인은 모두 결핵이었다. 현재는 적절한 치료만 받으면 나을 수 있는 질환이지만, 당시에는 손을 쓰기 힘든 병 중의 하나였다. 뭉크는 아버지가 의사였던 관계로 어렸을 때 아버지의 왕진을 따라다니면서 의학과 관련된 상식을 얻었다. 그 과정에서 아픈 사람의 모습을 보며 또 가족의 죽음을 맞닥뜨리며 늘 삶과 죽음을 묵상했다. 뭉크는 실제로 죽음과 관련된 작품을 많이 남겼는데 〈병든 아이〉, 〈병실에서의 죽음〉, 〈임종〉 등이다.

동시대에 활동한 클림트가 줄곧 빈을 활동 무대로 삼았다면 뭉크는 파리, 브뤼셀, 베를린, 오슬로 등 유럽 여러 지역에서 활동하면서 많은 화가들과 교류했다. 그는 고전주의 미술이 담지 못했던 인간의 비극적 운명과 고통을 표출하려는 표현주의 운동을 한 화가로 분류된다. 한 살 위의 클림트가 1918년에 스페인 독감으로 사망한 반면, 병약했던 뭉크는 심한 독감에서 살아남아 84세까지 장수했다.

뭉크의 연인으로 알려진 인물이 셋 있는데, 그중 작가 다그니 유엘Dagny Juel, 1867~1901이 〈마돈나〉의 주인공이다. 뭉크는 어릴 적 친구 유엘을 사랑했다. 그러나 유엘이 뭉크의 친구와 결혼하면서 뭉크는 많은 고통을 받았고, 배신감과 분노에 사로잡혀 〈마돈나〉를 그렸다.

〈마돈나〉는 총 다섯 점의 그림이며, 이 중 대부분이 석판화로 그려졌다. 미술사학자 웬디 슬랫킨Wendy Slatkin, 1950~은 〈마돈나〉에 대해, "뭉크는 모든 존재에게 성이 중요한 의미가 있다 느꼈고, 성적인 힘, 수태의 결과, 죽음의 궁극적인 결과를 표현하기 위해 시각적인 이미지를 발견해냈다. 오른팔을 올리고 몸을 구부린 자세는 마치 유럽의 전통적인 조작품인 〈죽어가는 니오비드〉를 연상하게 하고, 얼굴의 움푹 파인 눈은 죽음의 그림자를 느끼게 한다"✣고 말했다.

그림 89 **에드바르 뭉크, 〈마돈나Madonna〉**
왼쪽: 1894, 90×68cm, 오슬로 뭉크 미술관, 캔버스에 유화
오른쪽: 1895~1902, 60.5×44.4cm, 일본 오하라 미술관, 석판화

판화로 만들어진 그림의 프레임을 보면, 주변을 정자 같은 형태가 감싸고 있고, 왼쪽 아래 귀퉁이에는 아픈 듯한 태아가 보인다. 마치 마돈나와의 사랑의 결실을 이루지 못한 아쉬움을 표현한 듯하다. 〈마돈나〉는 사랑의 대상을 통해 느끼는 황홀함을 표현하면서도, 그 속에 죽음이 멀지 않았음을 철학적으로 말하고 있다. 우

✣ Slatkin, W. Maternity and sexuality in the 1890s. Woman's Art Journal 1: 13–19 (1980).

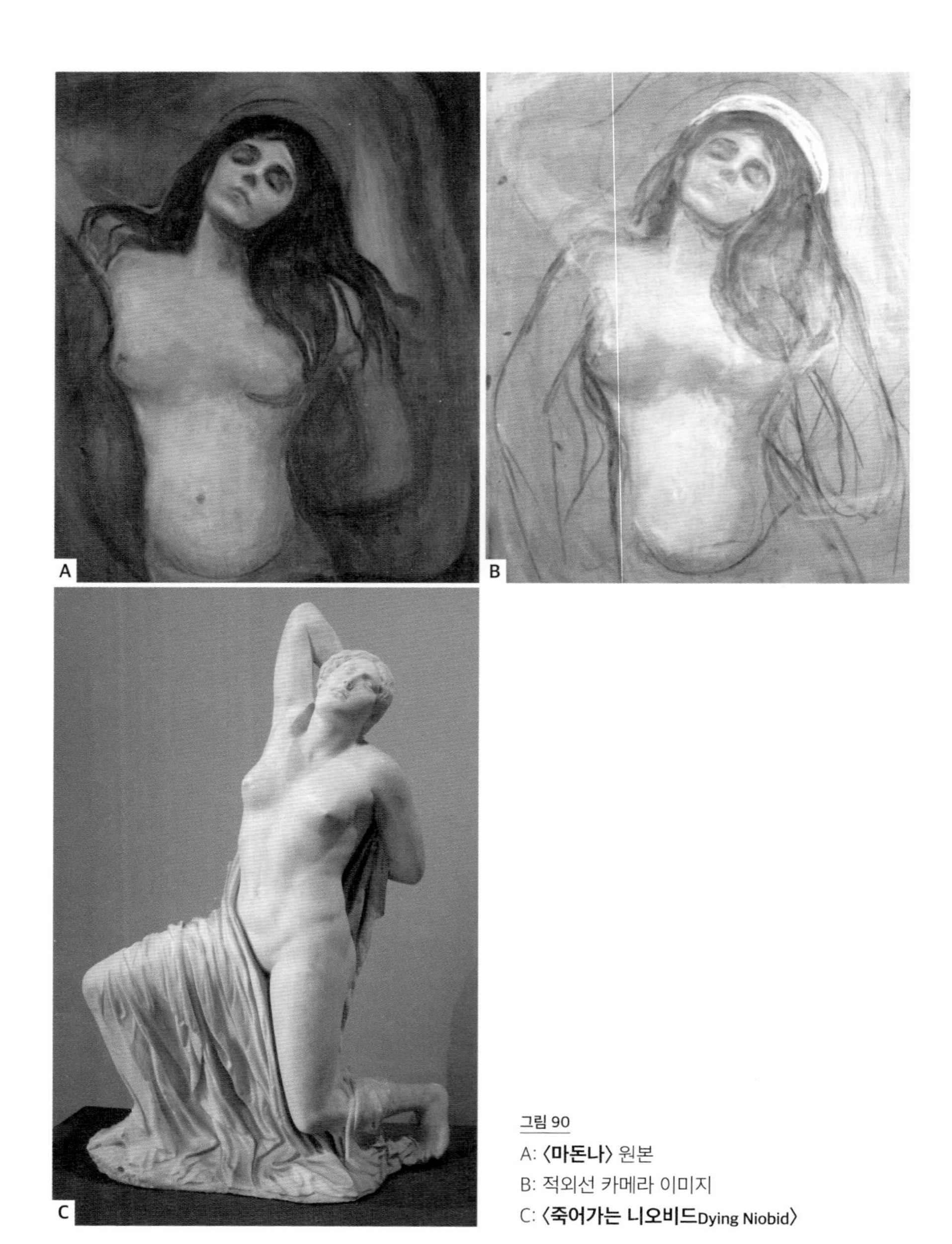

그림 90

A: 〈**마돈나**〉 원본

B: 적외선 카메라 이미지

C: 〈**죽어가는 니오비드Dying Niobid**〉

연의 일치로 다그니 유엘은 결혼하고 머지않아 사망하게 된다.

최근 적외선 카메라를 통해 〈마돈나〉를 분석한 결과 흥미로운 점이 발견되었다.✣

적외선 그림에서 알 수 있듯이(그림 90B) 밑그림과 최종 완성본(그림 90A)에서 오른팔의 위치가 다르다. 이것은 뭉크가 오른팔의 처리를 통해 전달하고자 하는 메시지가 분명하다는 의미다. 이 메시지를 이해하려면 먼저 그리스 신화의 니오비드 이야기를 알아야 한다.

그리스 신화에 나오는 니오비드Niobid는 니오베Niobe의 열네 자녀들이다. 니오베는 자신의 자녀들에게 대단한 자부심을 갖고 있었다. 여신인 레토Leto와 그의 아들 아폴론Apollo, 아르테미스Artemis를 숭배하는 축제 자리에서 니오베는, 아이가 둘밖에 없는 레토가 자신보다 못하다고 발언하고 만다. 이 이야기를 들은 레토의 자녀 아폴론과 아르테미스는 니오비드에게 차례로 활을 쏘아 응징한다(그림 90C). 등에 화살을 맞고 죽어가는 니오비드의 조각상을 보면✣✣ 〈마돈나〉의 팔의 위치와 일치하는 것을 알 수 있다. 즉 뭉크는 사랑했던 여인이 떠난 것에 대한 슬픔을 넘어 복수심마저 느꼈음을 알 수 있다.

〈마돈나〉에 대해 뭉크가 직접 시적인 표현을 한 내용이 있어 소개한다.✣✣✣

✣ https://www.smithsonianmag.com/smart-news/munch-madonna-painting-virgin-mary -woman-180978815/

✣✣ https://www.worldhistory.org/image/2132/dying-niobid/

✣✣✣ Slatkin, W. Maternity and sexuality in the 1890s. Woman's Art Journal 1: 13–19 (1980).

The pause when the whole world stopped in its tracks
온 세상이 가던 길을 멈춘 순간

Your face encompasses all of the earth's beauty
당신의 얼굴에는 지상의 모든 아름다움이 가득 차 있습니다

Your lips red like ripening fruit
입술은 잘 익은 과일처럼 붉고

separate as though in pain
마치 고통스럽게 헤어진 것처럼

The smile of a corpse
죽은 자의 미소를 짓고 있습니다

Now life offers death its hand
지금 이 순간 삶은 죽음에게 손을 건네며

The chain has been linked which connects
그 사슬은 연결 고리가 됩니다

The millennium of generations
이미 지난 천 년의 세월과

That are deceased to the millennium of generations that are to come.
앞으로 다가올 천 년의 세월을 이어주면서.

필자는 뭉크의 코멘트를 보고 이 작품에 대한 발생학적 의의를 '사랑을 통한 인생의 환희 속에는 생명의 탄생이 내재되어 있다. 유한한 삶을 갖는 인간이 죽어가더라도 우리는 생식이란 장치를

통해 순환된다. 수천 년까지라도…'라고 정리해봤다. 여기의 핵심 장치는 바로 〈마돈나〉 그림에도 표현된 '정자, 어머니 마돈나, 태아'이다.

여성의 몸

에곤 실레 〈엎드린 소녀Girl Sitting in Black Apron〉, 1911

에곤 실레는 오스트리아의 소도시 툴른Tulln에서 1890년에 태어났다. 실레의 부모는 일곱 번의 출산 중 세 번을 사산했고, 실레는 4남매의 셋째였다. 두 명의 누나와 한 명의 여동생이 있었는데, 실레는 특히 동생 게르티를 무척 귀여워했다고 한다. 어린 게르티는 실레의 초기 작품의 모델로 많이 등장한다. 이 때문에 실레가 미성년을 대상으로 부적절한 행위를 한 것은 아닌지 의심받기도 했다.

아버지는 그가 자신의 뒤를 이어 철도공무원이 되길 바랐지만, 실레는 어릴 때부터 미술에 더 재능을 보였다. 그리고 1906년, 열여섯 살이 되는 해에 빈 미술 아카데미에 입학해 기초지식을 다진다. 이때 구스타프 클림트를 만나 새로운 예술에 눈을 뜨게 된다. 실레는 처음에는 클림트를 추종하다가 나중에는 클림트에게 영향을 주기까지 하는 독특한 작품 활동을 펼친다.

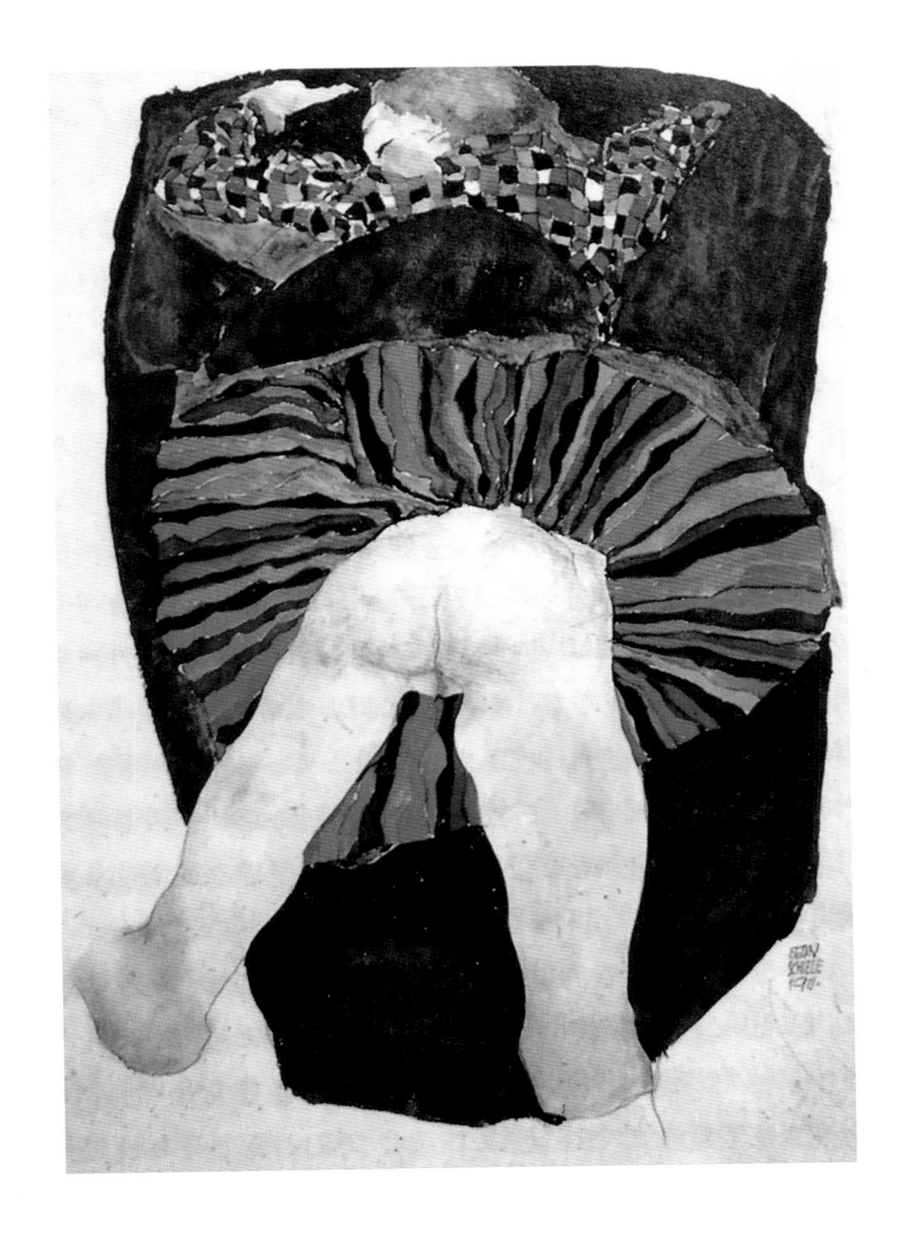

그림 91 **에곤 실레, 〈엎드린 소녀Girl Sitting in Black Apron〉**, 1911, 47.9×31.4cm, 개인소장, 수채화

1918년 2월 클림트가 사망하자 실레는 그 모습을 그림으로 남겼다. 같은 해 겨울, 실레도 스페인 독감에 걸려 사망하고 만다. 사랑하는 아내를 만나 안정을 찾았던 시기에 찾아온 천재의 안타까운 요절이었다.

실레의 그림은 과도한 노출과 격한 제스처로 관람객에게 강렬하면서 부담스럽게 다가오기도 한다. 이 책에서 여러 작품 중 〈엎드린 소녀〉를 소개하는 이유는 인간의 생식과 발생에 가장 중요한 단계가 이 그림에 숨어 있기 때문이다.

그림 91을 보자. 울긋불긋한 옷을 입은 소녀가 엎드려 자고 있다. 치마가 위로 들추어져 소녀의 회음부가 노출되어 있다. 자세히 보면, 음부는 피로 물들어 있고 자연스럽게 치마로 연결되어 언뜻 보면 잘 보이지 않는다. 정황상 여러 가지로 준비가 덜 된 상황에서 경험하게 되는 초경으로 보인다. 엎드린 '소녀'의 연령대도 그즈음인 것으로 추정된다. 사춘기에 이르면 남자나 여자나 2차 성징이 나타난다. 특히 여자는 여성호르몬의 분비가 증가하면서 성기의 발육, 체모, 음모 등이 나타나게 된다. 그리고 가슴과 골반이 커지면서 임신과 출산을 할 수 있는 상태로 몸이 발달되어 간다.✣

월경에 대한 사회적 반응은 매우 다양했다. 아프리카의 어떤 부족은 생리 기간 동안 여성을 동네와 격리된 별도의 움막에서 지내도록 하는 등, 정도의 차이는 있겠으나 역사적으로 오랜 기간 동안 생리에 대한 반응은 그리 긍정적이지 않았다. 하지만 현대사회로 접어

✣ 문국진, 《법의학, 예술작품을 해부하다》, 이야기가있는집, 2017.

들면서 여성의 몸속에서 일어나는 생식 주기에 대한 과학적 이해와 사회적 시각이 정리되었고 인식도 바뀌었다. 학교에서도 학생들이 생리 휴강을 쓸 수 있는 환경이 조성되었으며, 심지어 초경을 맞는 소녀에게 많은 관심과 공개적 축하를 해주는 상황도 빈번하다.

생식 주기

여성의 몸에서 생식 기능과 관련하여 많은 변화가 주기적으로 나타난다. 이를 생식 주기라고 하며 통상 28일을 주기로 반복된다. 인종이나 개인의 건강상태에 따라 차이는 있으나, 13세 전후의 사춘기에 초경이 시작되어 50세 전후의 폐경까지 30~40년간 지속된다.✣

이 현상은 뇌하수체에서 분비되는 성샘자극호르몬의 영향으로 일어나며, 난소, 자궁, 자궁관, 질, 젖샘이 많은 변화를 보인다. 체온 변화는 물론 정서 상태까지도 변화를 겪게 되는데 그중에서도 난소와 자궁내막에서의 변화가 확연하다.

뇌하수체 전엽에서 분비되는 난포자극호르몬에 의해 난소의 난포가 커지고, 월경주기 14일경 가장 많이 성장한 난포에서 골반강 안으로 난자가 배란된다. 그 사이 여성호르몬인 에스트로겐의 영향

✣ 전용혁, 서영석, 박선화, 《인체해부학》, 청구문화사, 2009.

을 받아 자궁 내막의 기능층이 증식하여 수정에 대비한다. 배란 시점을 중심으로 이때 정자를 만나 수정이 이루어지면 수정란은 자궁내막에 안착하여 임신이 유지된다. 만약 배란된 난자가 수정이 되지 못하면 기능층을 공급하고 있던 혈관이 수축하면서 자궁내막이 괴사되어 자궁분비물과 혈액이 배출된다. 이것 월경의 실체이다.

초경의 시기는 절대적이지 않다. 통상 몸의 다른 2차 성징이 나타나고 난 다음 초경을 겪게 된다. 자신이 친구들에 비해 초경이 늦어져서 걱정되는 사람이 있다면 너무 걱정하지 말고, 부모님과 상의하고, 필요한 경우 의사의 상담을 받아보면 된다.

이렇게 어린 학생들은 어른으로 성장해간다는 기대감으로 초경을 기다리기도 하지만, 일부 젊은 여성들에게는 매우 성가신 월례행사가 되기도 한다. 심지어 빨리 폐경이 왔으면 하는 분들도 있다. 하지만 폐경에 즈음하여 여성의 몸을 지배했던 여성호르몬의 균형이 깨지면서 얼굴 홍조, 불안, 불면, 골다공증 등 많은 물리적 증상들이 나타나는데, 사람에 따라 나타나는 증상의 편차가 크다. 증상이 견디기 어려우면 산부인과를 방문하여 도움을 받는 것이 바람직하다.

〈다나에〉

제2부에서 설명한 바와 같이 〈다나에〉는 그리스 신화를 배경

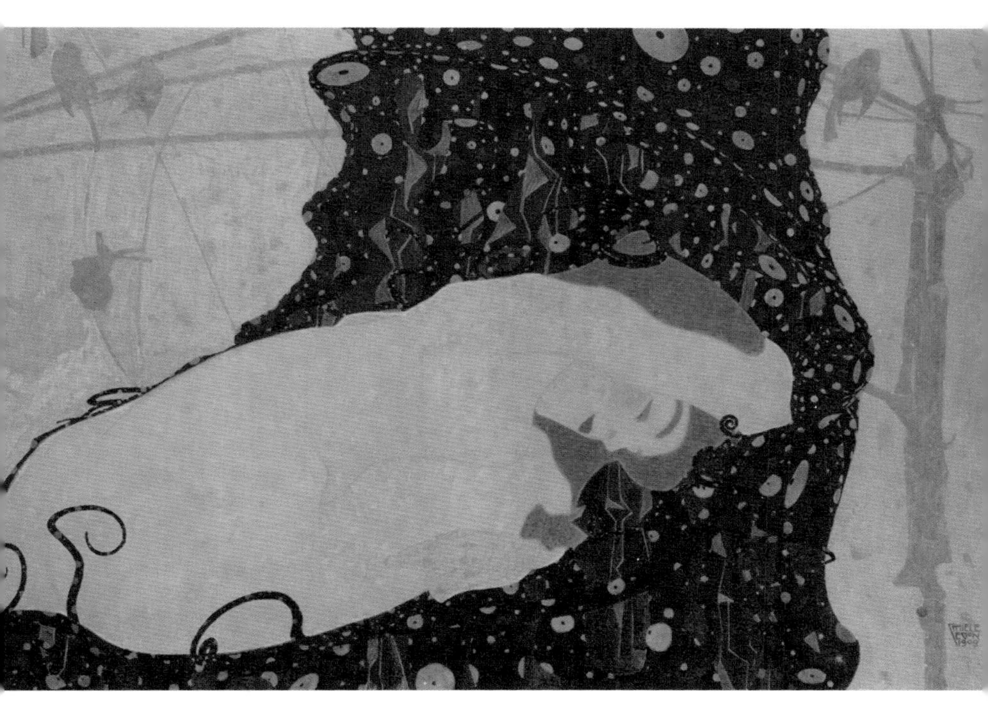

그림 92 **에곤 실레, 〈다나에Danaë〉**, 1909, 80.2×125.4cm, 개인소장, 캔버스에 유채

으로 한 그림이다. 에곤 실레도 〈다나에〉라는 제목으로 그림을 그렸다. 역사적으로 서양 미술사에서 〈다나에〉는 오랫동안 즐겨 그려진 주제이다. 고대 그리스 시대에는 신탁의 운명을 담담히 받아들이는 모습으로, 중세 시대에는 정숙한 여인으로 그려졌던 성모 마리아의 성령에 의한 수태를 설명하는 배경으로 사용되기도 했다.[✣] 클림트는 1908년 관능미와 그 이면에 들어 있는 인간 발생의

✣ https://www.getty.edu/news/the-metamorphoses-of-danae/

생물학적 기원을 묘사했다.

실레는 존경하는 선배 예술가 클림트의 작품에서 영감을 받고 자신의 예술적 재능을 더하여 〈다나에〉를 그린 것으로 보인다. 클림트의 그림에서와 같이 실레의 다나에는 웅크린 자세를 취하고 있다. 하지만 뒤쪽에서 보이는 모습을 그리고, 팔과 손은 부자연스럽게 위치한 것을 표현해 다나에가 감금되어 있는 피동적인 상황에 있음을 보여준다.✣ 또 클림트의 〈다나에〉는 허벅지 사이로 황금비를 적극적으로 받아들이는 반면, 실레의 〈다나에〉는 머리 위에서 떨어지는 황금비를 피하려고 하지만 어쩔 수 없이 맞고 있는 목석 같은 침착함을 보여준다.

실레는 몸의 제스처를 통해 인물의 감정 상태를 표현하는 데 익숙한 작가이다. 그림의 가운데 검은 배경 부분을 살펴보면 황금비와 다양한 크기의 동전이 보인다. 이는 클림트를 비롯하여 역사적으로 〈다나에〉를 그린 많은 예술가들이 표현한, 제우스가 변신한 모습이다. 당대에 알려진 발생학적 지식을 근간으로 클림트와 같이 황금비는 작은 정자의 모습이고, 크고 작은 동전은 난자를, 큰 동전은 주머니배와 같은 초기 발생의 모습을 그린 것이라 짐작할 수 있다.

이 그림을 보면 당시 유럽 화단에 큰 반향을 일으킨 자포니즘 Japonism✣✣의 성향이 반영된 것으로 보인다. 검은색 부분을 중앙으

✣ Natter, Tobias G. Egon Schiele. 독일: TASCHEN GmbH, 2017.

✣✣ 19세기 중반에서 20세기 초까지 서양 미술에 나타난 일본 미술의 영향에 따른 일본풍을 일컫는 것으로, 모네, 마네, 고흐, 고갱, 드가, 클림트 등이 많은 관심을 보였다.

그림 93 **오가타 고린, 〈홍백매도紅白梅圖〉**, 18세기, 156×172.2cm, 아타미 현대 미술관, 종이에 채색, 금박

로 하고 좌우에 비어 있는 공간을 배치한 구도는 오가타 고린尾形光琳, 1658~1716의 〈홍백매도〉와 구도가 유사하다. 특히 좌우 공간을 채우고 있는 나뭇가지의 형태와 여기에 사용된 연두색은 〈홍백매도〉의 나뭇가지가 표현된 형태와 연결된다. 또 다나에의 엉덩이와 허벅지에 그려진 아라베스크 무늬는 〈홍백매도〉의 가운데 검은색을 배경으로 한 황금색 문양을 연상하게 한다.

〈검은 모자를 쓴 여인〉

이 작품의 모델은 실레의 여동생 게르티가 모델이다. 이런 이유로 이 그림을 〈My Sister Gerti〉라고 부르기도 한다. 그림의 배경을 자세히 보면 은은하게 커다란 꽃무늬가 보이는데, 이는 열다섯, 열여섯 살의 막 피어오르는 싱그러운 모습을 표현한다. 스타일리시한 의상이 돋보이는 그림이다. 이 그림에서 코트 안에 받쳐 입은 옷에 그려진 문양들은 클림트의 〈희망 II〉에 그려진 아이콘들을 연상케 한다.

검은 중심부를 지닌 황금빛 원은 〈희망 II〉에서 난자라고 해석된 형태와 유사하며, 여인은 이를 소중하게 가슴에 끌어안고 있는 모습이다. 그리고 녹색 바탕 위에 작은 원형의 붉은색 점으로 채워진 부분은 적혈구를 연상케 한다. 〈희망 II〉에서 붉은색 배경으로 혈액을 표현한 것과 마찬가지로 보인다.

그림 94
위: **에곤 실레, 〈검은 모자를 쓴 여인**Woman with Black Hat〉, 1909, 100×99.8cm, 개인소장, 캔버스에 유채
아래: **〈희망 II〉**

인류 개선을 꿈꾸다

디에고 리베라 〈교차로에 선 사람Man at the Crossroads〉, 1932~1933

프리다 칼로의 남편으로도 알려진 디에고 리베라Diego Rivera, 1886~1957는 20세기 초 멕시코를 대표하는 화가다. 리베라는 1886년에 쌍둥이로 태어났다. 리베라의 부모는 그의 미술적 재능을 알아보고 열두살 때 산카를로스 예술 아카데미San Carlos Academy of Fine Art에 입학시켰다. 이후 22세가 된 1907년, 디에고는 스페인 바르셀로나로 유학을 떠나 유럽 미술 거장들의 작품을 볼 기회를 가졌고, 당시의 격동하는 유럽의 역사와 철학을 경험하게 된다. 또 파리에서 피카소 등의 화가와 교류하면서 입체파와 후기 인상파 스타일을 실험했다. 리베라는 피카소에 대해 "나는 신을 결코 믿지 않는다. 하지만 피카소는 믿는다"라고 말할 정도로 신뢰했다.✣

✣ https://artsandculture.google.com/story/nAXxfcoeO8l3QA

그림 95 **디에고 리베라, 〈교차로에 선 사람Man at the Crossroads/우주의 지배자Man, Controller of the Universe〉**, 1933, 4.85×11.45m(록펠러 센터 게재 시), 프레스코

리베라는 유럽에 있는 동안 이탈리아에서 14세기에 그려진 프레스코 작품에 많은 관심을 가졌고, 벽화를 구성하는 기법에 관한 연구를 했다. 그리고 1921년 멕시코로 돌아와 당시 멕시코 혁명정부가 주도하던 벽화 프로젝트에 적극 참여했다. 1922년에서 1953년 사이에 리베라는 멕시코의 멕시코시티, 차핑고, 쿠에르나바카, 미국의 샌프란시스코, 디트로이트, 뉴욕 등에 벽화를 그렸다. 1932년 자동차 회사 창립자로 유명한 헨리 포드가 요청하여 디트로이트 미술관에 27장으로 구성된 벽화도 그렸으며, 이는 미국의 공업화를 대표하는 작품으로 자리매김했다. 리베라 자신도 이 작품을 자신이 그린 가장 최고의 작품이라 생각했다.

리베라는 넬슨 록펠러Nelson Rockefeller, 1908~1979로부터 자신이 건축한 록펠러 센터의 벽면을 장식할 작품을 의뢰받는다. 록펠러는 "갈

림길의 사람이 희망과 높은 비전을 갖고 새롭고 더 나은 미래를 선택하는 내용"을 제시하는 그림을 그려달라고 요청했는데, 이렇게 그려진 그림이 〈교차로에 선 사람〉이다(그림 95).

〈교차로에 선 사람〉을 한번 살펴보자. 이 그림이 그려질 당시는 자본주의와 공산주의 간의 역사적 이념 대립이 극심했다. 그림에도 이러한 대립이 잘 반영되어 있는데, 먼저 왼쪽에는 주로 자본주의 사회의 상황이 그려져 있다. 제1차 세계대전 당시 독가스, 화염방사기, 전투기 등을 사용한 자본주의의 잔혹성과 사회적 혼란, 부패를 고발하는 이미지들이다. 오른쪽에는 러시아 혁명을 성공으로 이끈 레닌, 마르크스 같은 인물들이 많은 노동자와 함께 등장하고 공산주의에 호의적인 묘사들이 있다.

록펠러 센터에 걸릴 리베라의 벽화를 미리 본 한 기자는 "리베라가 공산주의 활동을 록펠러 센터에 영구히 게시하게 되었다"라고 보도하기도 했다. 이 뉴스 이후, 록펠러는 리베라에게 레닌을 삭제할 것을 요구했고, 리베라는 거절했다. 이에 록펠러는 1933년 그림 대금을 지불한 후 벽화에 가림막을 설치했고, 1934년에 최종적으로 철거했다.✣

벽화가 철거되기 전에 리베라가 그의 조수 루시엔느 블로치 Lucienne Bloch, 1909~1999에게 부탁해 사진으로 남겼고, 그 사진을 바탕으로 벽화의 축소판을 다시 그렸다. 새로 그린 그림에는 러시아의 정치가이자 혁명가였던 레온 트로츠키 Leon Trotsky, 1879~1940와 찰스 다

✣ Doris Maria-Reina Bravo, https://smarthistory.org/diego-rivera-man-at-the-crossroads/

그림 96 **〈교차로에 선 사람〉**의 중앙 부분 확대

원이 추가되었다.✣ 그리고 작품명을 〈교차로에 선 사람〉에서 〈우주의 지배자〉로 바꿨다.

이런 소동 덕분에 리베라는 유명세를 탔고, 결과적으로 이 작품은 미술사에서 중요한 작품이 되었다. 이 사건은 클림트가 겪었던 대학 회화 스캔들과 겹친다. 두 명의 예술가 모두 자신이 추구했던 예술가적 창의성이 검열당하는 것을 거부했고, 역사에 남는 작품

✣ https://www.diegorivera.org/man-at-the-crossroads.jsp

을 남겼기 때문이다.

그럼, 이 그림에 어떤 해부학적 특징들이 있는지 살펴보자. 먼저 그림의 중앙부를 보자(그림 96). 중앙의 조정간을 잡고 있는 남자의 뒤쪽으로 거대한 망원경의 경통이 보이고, 남자를 가운데 두고 대각선으로 프로펠러가 이어진다. 오른쪽 위에서 왼쪽 아래로 이어지는 프로펠러는 물리와 천문학적인 요소들로 가득 채워져 있다. 왼쪽 위에서 오른쪽 아래로 배열된 날개 상단에는 현미경으로 본 면역세포와 세균들의 그림이 그려져 있다(그림 96의 A부분). 리베라가 이 그림을 그릴 당시는 미생물과 면역학에 대한 이해가 더욱 증진되던 때였고, 미생물로 인한 감염병을 인간이 통제할 수 있을 거라는 의학적 비전이 대두되던 때였다. 당시 상징적인 발전이었기에 그림에 포함한 것으로 보인다.

그림 97 공 그림 확대

오른쪽 하단을 보면(그림 96의 B부분) 생식 주기에 따른 원시난포, 2차 난포의 변화와 이로부터 난소 표면을 통해 난자가 배란되는 장면이 정확하게 묘사되어 있다. 이 난자는 자궁관의 끝부분으로 추정되는 곳에 위치하고 있다. 배란된 난포의 오른쪽을 보면 배아가 자궁 내 존재하는 그림이 그려져 있다. 리베라는 클림트와 달리 별다른 디자인을 하거나 아이콘화 하지 않고, 당시 교과서 등에 실린 그림을 컬러 버전으로 그대로 옮겨 그렸다고 볼 수 있다.

프로펠러 아래에는 여러 종류의 식물이 그려져 있는데, 주로 식용 작물들이다. 인류가 지속적으로 고민하던 식량 문제에 대한 언급으로 볼 수 있으며, 인류가 과학기술을 통해 식량 문제를 해결할 수 있을 것이라는 희망의 상징을 남겼다고도 볼 수 있다.

정가운데 부분, 손에 잡혀 있는 공(그림 97)을 보자.

먼저 4개의 다이얼 계기판이 있다. 이는 중요한 장비를 조정하겠다는 의도로 보인다. 그리고 아랫부분에는 세포분열 중기의 그림이 보인다. 이 부분을 조정 또는 통제하는 것이라고 생각하면 물리학적 탐구와 조절, 우주 탐험 등에 대한 꿈을 담았다고 할 수 있다.

그럼 세포분열 그림은 무엇을 뜻할까? 이는 록펠러 재단이 추구한 2개의 프로젝트와 관련 있다. 그들은 생물의 수정 조절과 우생학 연구✣에 집중하고 있었다. 레온 트로츠키가 남긴 말을 통해 생명과학의 이해를 토대로 우생학적 관점에서 인류를 개선해나가겠다는 당시의 분위기를 알 수 있다. "너희 미국인들은, 경제 체계

✣ 식물, 동물의 교배와 육종을 통해 식량 문제를 해결하고 인류를 우생학적 방법으로 발전시키겠다는 발전 전략이다.

와 문화를 공고히 한 후, 우생학적 접근을 위해 최신의 과학을 적용할 것이다."✣

또한 트로츠키는 저서 《문학과 혁명Литература и революция》에서 "인간은 인공 선택과 정신-육체 훈련의 가장 복잡한 방법의 대상이 될 것이다. 이것은 전적으로 진화와 일치한다"고 예언했다.✣✣ 그런데 놀랍게도 자본주의 국가인 미국과 공산주의자들의 생각이 이 부분에서 일치하고 있었다. 이런 맥락에서 볼 때, 리베라는 적절한 구상의 그림을 그려냈다고 보인다.

그림 속 난소주기와 배란
그리고 경구피임약의 상징

오른쪽 프로펠러에는 돋보기나 현미경으로 관찰해야만 볼 수 있는 난소와 난관(나팔관)의 구조가 그려져 있다(그림 98A). 먼저 A의 1번을 보자. 1차 난모세포가 주변 세포들로 둘러싸여 주머니 속에 들어가 있는 그림인데, 이 시기를 1차 난포라고 부른다. 2번

✣ Gilbert SF, Brauckmann S. Fertilization Narratives In The Art Of Gustav Klimt, Diego Rivera And Frida Kahlo: Repression, Domination And Eros Among Cells. Leonardo. 2011; 44(3): 221–227.

✣✣ Gilbert SF, Brauckmann S. Fertilization Narratives In The Art Of Gustav Klimt, Diego Rivera And Frida Kahlo: Repression, Domination And Eros Among Cells. Leonardo. 2011; 44(3): 221–227.

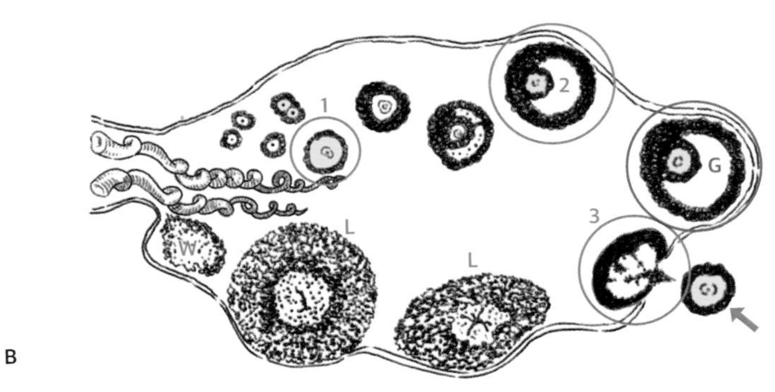

그림 98 난소 내의 난포의 성장과 배란
A: 오른쪽 프로펠러 부분 확대, B: 당시 사용되었던 발생학 교과서의 삽화(노란색으로 표시된 난자를 주변 세포들이 싸서 주머니 형태를 만들기에 '난포'라고 함)

은 1차 난포를 싸고 있는 조직들이 발달하면서 그 안에 공간을 만들며 2차 난포가 된 그림이다. 1번과 2번을 당시 교과서에 있던 그림으로 다시 보면(그림 98B), 각각 1번과 2번에 상응한다.

배란 전에 공간이 점점 커지면서 난소벽에 최대한 밀착하는 시기를 성숙난포라고 부르는데, 아쉽게도 리베라의 그림에는 생략되어 있다. 이후 벽에 붙은 성숙난포의 압력으로 난소 표면이 터지면서 배란이 일어나는 과정이 그림 98A의 3번과 그림 98B의 3번이다. 배란된 난자는 골반강 내 위치한 자궁관술 근처에 위치한다(그림 98A와 그림 98B에 있는 화살표).

이 과정에서 난포자극 호르몬은 원시난포로부터 성숙난포(그림 98B의 G)까지 성장하는 것에 주로 관여하고, 배란은 황체 형성 호르몬에 관여한다. 배란이 완료된 난포는 황체(그림 98B의 L)로 발달하여 7~8일간 에스트로겐과 프로게스테론 호르몬을 분비한다. 수정이 되지 않으면 퇴화하여 백색체(그림 98B의 W)로 바뀐다.

이러한 과정이 난소에서 28일을 주기로 일어나며, 통상적으로 양쪽 난소에서 교대로 하나의 난자를 배란한다. 피임을 위해 사용하는 먹는 피임약들은 호르몬에 의한 난소주기 진행을 방해하여 배란이 일어나지 않게 하는 것이다.

리베라는 과학의 발달에 따라 인간을 비롯한 생물의 발생을 조절할 수 있다고 믿었다. 당시 인류의 숙제였던 식량 문제와 피임을 통한 인구 증가 문제의 해결과, 수정 과정을 적절히 조절하여 우수한 인류를 육성하려는 당시의 사회적 비전을 그림으로 제시한 것으로 보인다.

위생과 면역의 시대

디에고 리베라 〈디트로이트 미술관 벽화Detroit Industry Murals〉, 1932~1933

디트로이트 미술관의 내부 정원 '가든 코트'의 벽은 리베라가 그린 벽화로 사방이 장식되어 있다. 이 작품은 미국의 대공황기인 1931년 포드 자동차사의 대표 에젤 포드Edsel Ford, 1893~1943가 의뢰했다. 그림의 주제로 '디트로이트의 산업'에 관련된 내용을 포함할 것을 요청하여, 당시 세계 자동차 시장을 주도했던 포드사의 혁신적인 자동차 생산과정을 비롯하여 디트로이트 지역의 중요 산업인 의약, 제약, 화학 산업과 관련된 그림이 그려져 있다.

이 벽화는 예술성을 갖추었을 뿐 아니라 대공황과 제2차 세계대전 사이 미국의 산업 유산을 잘 보여주는 역사적인 가치가 인정되어 2014년에 미국 국립 역사 기념물로 지정되었다.✣

✣ https://www.usatoday.com/story/news/nation/2014/04/23/diego-rivera-detroit-mural-national-landmark/8071105/

그림 99 **디에고 리베라, 〈디트로이트 미술관 북쪽 벽화**Detroit Industry Murals〉, 1932~1933, 프레스코

이 중 북쪽벽에 설치된 벽화는 발생과 세포에 관한 내용을 포함하고 있다. 벽화를 위쪽 중앙 부분부터 살펴보면, 거대한 화산을 사이에 두고 아메리카 원주민과 흑인이 각각 철광석과 석탄을 쥐고 있는 모습이 보이고, 그 아래 철광석과 석탄을 포함하는 지질층이 그려져 있다. 중심부에 있는 화면은 커다란 용광로가 광물자원으로부터 자동차 생산에 필요한 철강을 만들어내는 과정을 보여준다. 그 아래 당시 최신의 포드 자동차 변속기 생산, 컨베이어 벨트가 돌아가는 제조공장의 위용 그리고 그 안에서 일하고 있는 사

람들의 모습이 생생하게 기록되어 있다.

이제 우리의 관심사가 그려진 양쪽 아치형 문의 위쪽 좌우에 위치한 작품을 살펴보자.

먼저 왼쪽 그림은 독가스를 제조하고 폭탄을 만드는 사람들이다(그림100). 이미 〈교차로에 선 사람〉에서 살펴본 바와 같이 제1차 세계대전에 사용된 독가스에 관한 내용으로, 방독면을 쓴 자들이 독가스와 폭탄을 만들며 조정하고 있다.

독가스는 석탄이 연소될 때나, 유황산화물이 물과 함께 결합될 때 생성된다. 그림 99의 중앙부를 보면, 강철을 만들기 위한 재료로 철광석과 석탄 등이 사용되는 과정에서 검고 누런 연기가 뿜어져 나온다. 〈질식하는 세포〉는 그 영향이 우리 세포를 병들게 하는 장면을 세포의 단면을 통해 순차적으로

그림 100 **〈디트로이트 미술관 북쪽 벽화〉** 세부도 중 **〈독가스 폭탄 제조〉, 〈질식하는 세포〉**

보여준다. 그림을 자세히 보면 1번 세포는 상대적으로 건강해 보인다. 단면 속에 세포의 핵과 이를 지지하고 있는 세포질의 구조들이 명확하게 나타나며 주변과의 경계가 확실하다. 2번을 보면 동그란 부분이 일그러지기 시작하며 주변 지지 구조도 불규칙하다. 3번은 괴사가 많이 진행되어 세포 속 각각의 구조를 파악하기 어렵다. 4번은 세포 속으로 침투한 독성을 크리스탈 구조로 표현했거나, 완전히 괴사되어 사망한 세포를 표현한 것 같다.

현시대를 살아가는 우리는 다양한 산업을 통해 만들어지는 제품뿐 아니라, 그 과정에서 유발되는 물질들이 인체와 환경에 미치는 영향에 많은 관심을 갖고 있다. 이런 면에서 지금으로부터 90여 년 전에 그려진 이 그림은 리베라의 깊은 통찰력을 보여준다.

오른쪽 그림을 보면 아기가 백신을 접종받고 있다(그림 101). 아기의 아래쪽에는 말, 소, 양이 그려져 있다. 이 그림을 보면 구유에서 태어난 아기 예수를 축복하는 〈동방박사의 경배〉의 모습이 연상된다. 그럼 아기 예수를 축복해주기 위해 먼 길을 여행한 동방박사는 어디에 있을까? 바로 아기 위쪽에 그려진 세 명의 과학자를 보라! 이들 과학자는 현미경, 증류기 등의 과학 장비를 이용하여 백신을 제조하고 있다. 이들은 19~20세기에 걸쳐서 미생물 연구와 백신 개발에 기여한 세 명의 과학자로 왼쪽부터 루이 파스퇴르 **Louis Pasteur, 1822~1895**, 엘리 메치니코프 **Élie Metchnikoff, 1845~1916**, 로베르트 코흐 **Robert Koch, 1843~1910**를 가리키는 것으로 알려져 있다.✣

✣ Dorothy McMeekin, Diego Rivera: Science and Creativity in the Detroit Murals.East Lancing: Michigan State University Press, 1986

그림 101 **〈디트로이트 미술관 북쪽 벽화〉** 세부도 중 **〈백신접종〉, 〈건강한 태아〉**

이 벽화가 대중에게 공개된 후 당시 많은 성직자들과 언론이 비난을 가했다. 그리스도로 여겨지는 아기가 말, 소, 양 등에서 유래된 혈청을 접종받는 것으로 보여져 이 자체를 불경하게 받아들였고, 당시 디트로이트 뉴스에서 그림을 내리라는 공개적인 논평을 내기도 했다. 이러한 논란 덕분에 많은 사람들이 벽화를 보기 위해 디트로이트 미술관을 방문했다. 결과적으로 리베라는 유명세를 타게 되었고, 미술관은 흥행에 성공했다.✣

백신이란 말은 암소를 뜻하는 라틴어 "Vacca"에서 유래한다. 이런 맥락에서 이 그림에 암소가 등장하는 것은 자연스러운 장면이라 할 수 있다. 에드워드 제너Edward Jenner, 1749~1823가 우두에 걸린 사람의 병소에서 얻은 물질을 한 소년에게 접종하여 천연두를 예방하는 실험을 성공적으로 진행했다. 이때 접종한 물질을 '암소로부터 나온 것'이란 의미를 부여하여 백신vaccine이라고 부르게 되었다.

이 그림의 아래 그려진 〈건강한 태아〉에서 현미경으로 볼 수 있는 다양한 생물학적 구조가 관찰된다.

그림 102를 보면 우선 가장 눈에 띄는 점으로 중심부에 발생 3개월 정도 되는 태아(F)가 보인다. 태아는 배꼽정맥(Uv)과 배꼽동맥(Ua)을 통해 태반과 연결된다. 여기에 배꼽정맥이 붉은색으로 그려진 것을 주목하자. 배꼽정맥은 엄마의 혈액으로부터 태반을 거쳐 전달된, 산소가 많이 포함된 신선한 혈액으로, 산소 농도가 높

✣ 김재희, "디에고 리베라 (Diego Rivera: 1866-1957)의 디트로이트 산업 벽화(Detroit Industry Murals)연구." 국내석사학위논문 숙명여자대학교 대학원, 2003.

그림 102 디에고 리베라, 〈**디트로이트 미술관 북쪽 벽화**〉 세부도 중 〈**건강한 태아**〉 확대, 1932~1933

아 정맥임에도 붉은색으로 표현된다. 배꼽동맥은 태아의 몸을 순환하면서 사용된 혈액으로, 이산화탄소가 높고 산소 농도가 낮아 파란색으로 표시되고 있다. 실제로 배꼽동맥은 2개, 정맥은 1개 존재한다. 이 그림에는 각각 2개로 그려져 있어 리베라가 정확한 해부학적 구조와는 다르게 그렸음을 알 수 있다.

태아의 앞에는 배란된 난자(O)가 크게 그려져 있고, 왼쪽을 보면 작은 정자(S)들이 난자들(o) 주변에서 유영하고 있다. 배란된 난자의 아래쪽에 혈구 세포들이 많이 그려져 있는데, 작은 디스크 같은 것들이 적혈구(R)이고, 조금 크고 속에 핵을 가지고 있는 것이 백혈구(W)다. 왼쪽 위편 N으로 표시된 지역에 별모양의 세포가 보이는데, 이미 〈생명의 나무〉에서 신경세포의 형태를 살펴본 독자가 예측할 수 있듯이 신경조직으로 보인다(221쪽, 〈생명의 나무〉 그림 설명 참조).

이 그림에는 여러 종류의 박테리아도 그려져 있다. 생물학자 도로시 맥미킨Dorothy McMeekin, 1932~✣이 기술한 내용과 미생물 교과서 등을 참고하여 8종의 박테리아를 확인할 수 있었다. B1의 테니스 라켓처럼 보이는 세균은 파상풍균의 아포형성기에 해당된다. B2는 탄저병을 일으키는 탄저균, B3는 콤마 모양으로 생긴 콜레라균을 그렸다. B4는 꼬불꼬불하게 꼬여 있는 세균 종류로 나선균이라 부르는데, 이런 종류의 세균 중에 역사적으로 맹위를 떨친 매독균이 있다. B5는 로베르트 코흐가 발견한 결핵균을 그렸다. B6는 공 모양으로 생긴 일련의 세균집단으로 보이는데, 생긴 모양을 따서 구균(알균)이라 부른다. 이 그림에서는 알균이 4개 혹은 8개로 뭉쳐 있어 4연구균 또는 8연구균이라 볼 수 있다. B7엔 전형적인 장티프스균이 그려져 있고, B8은 폐렴구균으로 보인다.✣✣

리베라가 활동했던 시기엔 많은 백신이 보급되기 시작했고, 미국에서 19세기 중순에 발명된 전신 마취법이 보급되어 통증 없이 외과수술을 할 수 있게 되었다. 이와 더불어 미생물과 면역학 연구를 통해 감염병에 관한 이해가 증진되어 감염병으로부터 인류를 지킬 수 있는 여력이 생겼다. 그 결과 리베라의 그림에는, 태아를 위협하는 많은 미생물의 존재에도 불구하고 인류는 의학의 도움을 받아 건강한 아기를 출산할 것이고 또 아이가 건강하게 자랄 수

✣ Dorothy McMeekin, Diego Rivera: Science and Creativity in the Detroit Murals. East Lancing: Michigan State University Press, 1986.

✣✣ 박테리아 형태 분석에 자문을 해주신 고려대학교 의과대학 미생물학 교실 송기준 명예교수님께 감사드립니다.

있으리라는 기대가 들어 있다. 당대 의학에 대해 리베라가 보여준 존중인 셈이다.

유전을 이해하다

프리다 칼로 〈나의 조부모, 부모, 그리고 나My Grandparents, My Parents, and I〉, 1936

프리다 칼로Frida Kahlo, 1907~1954는 1907년에 태어난 멕시코의 예술가이다. 그녀는 멕시코 문화와 전통의 요소를 포함한 독특한 자화상으로 많은 사람들에게 깊은 인상을 남겼다. 어렸을 때 소아마비를 앓았지만, 프리다의 재능을 일찌감치 알아본 아버지는 당시 여학생들이 거의 가지 않았던 멕시코시티의 국립 예비학교로 프리다를 유학 보냈다. 프리다는 의사가 되고자 하는 꿈을 키우다, 치명적인 버스 사고를 당하면서 꿈을 포기한다. 그리고 투병 생활의 고통을 이기기 위해 그림을 그리기 시작했고, 이것이 그녀의 숨어 있는 재능을 빛나게 하는 계기가 된다.

이후 멕시코의 거장 디에고 리베라를 만나게 되고, 그는 프리다 칼로의 위대한 스승이자 연인, 남편, 심지어 보살핌을 받는 아이가 된다. 계속되는 질병과 리베라의 여성 편력으로 프리다 칼로는 심신의 고통을 겪게 되는데, 이러한 고통이 그녀의 그림에 고스란히 남아 있다.

프리다 칼로가 남긴 많은 작품은 멕시코 문화의 상징이 되었다. 그녀의 그림은 대담하고 활기차며, 그녀 자신의 정체성, 그녀의 고통과 상실에 대한 솔직하고 담대한 예술적 진실이 표현돼 있다. 프리다 칼로의 삶과 작품은 계속해서 전 세계 사람들에게 영감을 주고 있으며, 그녀는 20세기의 가장 중요한 여성 예술가들 중 한 명이 되었다.

프리다 칼로는 다시 의사를 꿈꾸며 의예과 과정을 밟았는데[✣], 그래서 그녀의 그림 중에는 해부학과 발생학적인 요소가 포함된 작품이 여럿 있다. 그중 첫 번째로 살펴볼 그림은 〈나의 조부모, 부모, 그리고 나〉로, 프리다 칼로가 자신을 중심으로 그린 가계도이다(그림 103A). 왼쪽은 멕시코의 산지를 배경으로 하여 어머니의 혈통을 나타낸 것이고, 오른쪽은 독일에서 이민 온 아버지가 대서양을 건너온 배경을 표현한 것이다. 부모님의 결혼사진을 그대로 옮겨 그렸고, 이들을 떠받치듯 이어주는 빨간 띠 사이로 프리다 칼로 자신이 보인다. 그림 속 인물들이 모두 혈연관계임을 빨간 리본으로 보여준다.

칼로의 그림과 같은 가계도**Pedigree**는 유전학 분야에서 많이 활

✣ Gilbert SF, Brauckmann S. Fertilization Narratives In The Art Of Gustav Klimt, Diego Rivera And Frida Kahlo: Repression, Domination And Eros Among Cells. Leonardo. 2011; 44(3): 221–227.

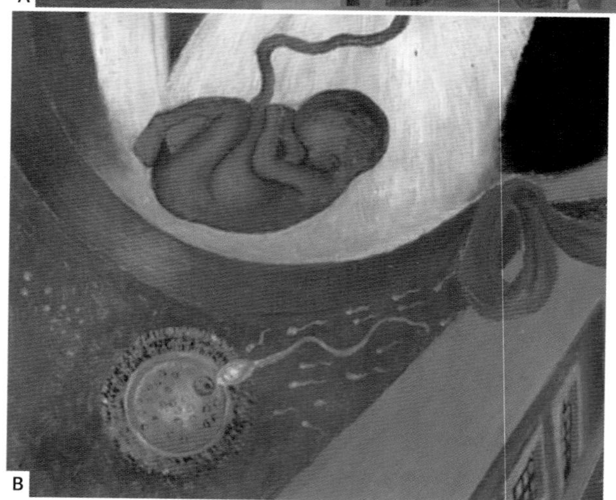

그림 103 A: **프리다 칼로, 〈나의 조부모, 부모, 그리고 나My Grandparents, My Parents, and I〉**, 1936, 30.5×34.5cm, 뉴욕 현대 미술관, 금속판에 유채, 금속, 템페라
B: 태아 수정 부분 확대

용되어 왔다. 특정 질병이나 형질이 유전되는 방식을 이해하기 위해 가계도를 그려 분석했는데, 이렇게 하면 유전의 패턴을 알아낼 수 있었다. 식물학자 그레고어 멘델Gregor Mendel, 1822~1884이 완두콩을 이용하여 유전에 관한 연구를 할 때도 가계도가 유용하게 쓰였다. 멘델은 완두콩을 재배하면서 완두콩의 모양, 색깔, 꽃의 색, 꼬투리의 모양, 꼬투리의 색, 꽃의 위치, 줄기의 길이 등이 어떻게 다음 세대에서 표현되는지 추적함으로써 유전의 원리를 파악했다.

그림의 하단 부분을 좀 더 상세하게 살펴보자(그림 103B). 엄마의 배로부터 빨간 탯줄이 나와 태아에게 연결되어 있다. 리본 바로 아래 많은 정자가 난자를 향해 접근해가는 그림이 보이고, 그중 아주 크게 그려진 정자가 난자와 수정하는 모습이 보인다. 배란된 난자의 표면을 싸고 있는 부챗살관과 투명층이 정확하게 표현되어 있다. 이 그림에서 프리다 칼로가 사람 발생에 대한 정확한 이해와 섬세한 관찰 능력을 갖고 있었음을 알 수 있다.

출산의 민낯

프리다 칼로 〈나의 탄생My Birth〉, 1932

프리다 칼로는 매우 직설적인 그림을 많이 그렸는데, 그중에서도 〈나의 탄생〉은 소개해도 되나 싶을 정도로 부담스러운 면이 있는 그림이다. 인생에서 맞이하는 극적인 순간, 바로 출산의 장면이다. 그녀가 〈나의 탄생〉을 그리게 된 계기는 남편 디에고 리베라가 프리다의 중요 인생 사건을 그림으로 그려보라고 조언한 데 있다. 그녀의 첫 번째 작품인 〈나의 탄생〉은 프리다 자신이 자신을 낳는 모습을 묘사한 것이다. 그녀 스스로 일기장에 이렇게 밝혔다.✣

그림을 살펴보면 양다리를 벌린 산모가 침대에 누워 있고, 그 사이에 아이의 머리가 나와 있다. 출산 중에 나온 피와 양수 등의 흔적이 침대를 적시고 있고, 아이도 많이 지친 것처럼 묘사되어 있

✣ https://www.fridakahlo.org/my-birth.jsp

그림 104 **프리다 칼로, 〈나의 탄생 My Birth〉**, 1932, 30×35cm, 개인소장, 구리에 유채

다. 어머니의 머리는 시트로 덮여 있는데, 이 그림을 작업하는 동안 자신의 어머니가 사망한 것을 나타낸다.[✣] 침대 위에는 고통받는 성모상이 걸려 있고, 성모는 슬픔과 동정의 눈물을 흘리면서 바라만 보고 있다. 우리가 인생을 살면서 공감하고 인정하지만, 아무리 안타까워도 절대로 대신해 줄 수 없는 일이 있지 않은가? 출산의 과정은 누구도 대신할 수 없다는 것을 말하고 있는 듯하다.

✣ Kettenmann, Andrea. Frida Kahlo 1907-1954. 독일: Taschen, 2016.

이 작품의 형식은 봉헌화 형식인데도, 아랫단에 아무 내용도 쓰지 않았다.✣ 이 비어 있는 면에 수많은 산모들이 쓰고 싶은 이야기가 많이 있을 것이다. 프리다 칼로는 이것을 관객의 몫으로 남겨두었다.

이 그림에 관한 뒷이야기로, 유명한 팝스타 마돈나가 이 그림을 구매했는데, 그녀는 어느 인터뷰에서 "만약 누군가가 이 그림을 좋아하지 않는다면, 그들은 나의 친구가 될 수 없다"고 하며 이 그림에 대한 깊은 이해와 애정을 비친 바 있다.✣✣

출산(분만) 과정에 대하여

〈나의 탄생〉은 보기 드물게 출산 장면을 그린 그림이다. 이 책에서 꾸준히 정자, 난자, 수정, 태아, 임신 과정에 대한 그림을 살펴봤는데, 이제 빠진 틈을 채울 때다. 출산의 과정을 지나야 아기를 안을 수 있다.

분만은 자궁으로부터 태아와 태반 등이 배출되는 과정이다. 일단 분만이 시작되면 강하고 규칙적으로 자궁 수축이 일어나 태아를 산도로 밀어낸다.

분만에 가까워지면 임신을 유지할 때 높은 수준을 유지하던 프로게스테론이 감소하고, 에스트로겐이 증가하여 자궁이 잘 수축할 수 있는 여건이

✣ 서정욱, 《프리다 칼로, 붓으로 전하는 위로》, 온더페이지, 2022.

✣✣ https://www.fridakahlo.org/my-birth.jsp

조성된다. 태반에서 분비되는 프로스타글란딘도 분만 시작에 관여한다. 분만의 본격적인 시작은 뇌하수체 후엽에서 옥시토신이 분비되어 자궁 근육을 수축시키는 것이다. 처음에는 불규칙한 간격의 통증을 동반한 수축이 느껴지는데, 이것은 '가진통'이다. 규칙적인 통증이 10분 이내로 일어나고 1분 이상 지속되면, 본격적인 진통이 시작된 것이다. 이쯤 되면 병원으로 가야 한다.

분만은 크게 4단계로 구분된다.

1기(개구기): 자궁목이 확장되기 시작해 완전히 열리게 되는 과정이고, 초산부는 12~24시간, 경상부는 2~10시간 정도 걸린다.

2기(만출기): 태아가 본격적으로 자궁에서 산도를 통해 분만되는 단계로, 초산부는 50분 정도, 경산부는 20분 정도 걸린다. 이때, 안전한 출산을 위해 회음 부위를 미리 절개하여 산도를 넓힌다. 회음부 파열을 예방하기 위해 회음 절개술을 시행하기도 한다.

3기(후산기, 태반기): 태아 분만 후 태반과 태아막이 배출되는 단계로, 통상 15분 이내다.

4기(회복기): 태반 배출 후 2시간 정도로, 자궁이 수축하여 출혈이 멎는다.

출산 중 산모는 많은 양의 출혈을 하게 된다. 특히 회복기에 자궁 수축이 제대로 되지 않는 자궁근무력증이 발생하면 지혈이 되지 않아 산모의 생명이 위험해진다. 실제로 출혈은 분만 중 산모 사망의 첫 번째 원인이다. 따라서 즉각적인 조치가 필요하다.

의대에서 산부인과 실습을 할 때였다. 처음으로 당직 레지던트 선생님을 따라 분만실에 긴장하며 들어갔던 기억이 아직도 생생하다. 아기를 낳는 과정은 정말 고통스러워 보였다. 오죽하면 극심한 고통을 산고라고 하지 않던가? 산모가 그 고통을 이겨내며 아이를 낳고, 지친 와중에도 아이가 첫 울음소리를 낼 때 세상에서 가장 행복한 표정으로 아이를 품에 안는 모습을 보았다. 그날로부터 어머니, 그리고 세상의 모든 어머니를 다시 보게 되었다. 어머니들은 정말 대단한 사람들이다.

돌봄과 수유

프리다 칼로 〈유모와 나My Nurse and I〉, 1937

이 그림도 〈나의 탄생〉과 같이 프리다의 삶의 이벤트 시리즈 중 하나다. 프리다 칼로는 동생 크리스티나와 11개월 터울이라, 어머니가 둘 다 수유를 할 수 있는 상황이 아니었다. 부모님은 원주민 유모를 구해 칼로에게 젖을 먹였다. 그림 105에서 보면 알겠지만, 젖을 먹이면서 아기와 눈을 맞추거나 꼭 안아주는 등의 행복한 교감이 전혀 보이지 않는다. 프리다 칼로도 너무 어려서 유모의 얼굴을 기억하지 못하고 검은 가면으로 대신했다.✣

프리다는 이 그림 속의 원주민 유모를 생명을 관장하는 신으로 보고, 젖을 먹는 자신을 신으로부터 젖을 먹는 선택받은 사람으로 해석함으로써 자신의 자존감을 한층 높였다. 그리고 흥미롭게도

✣ https://www.fridakahlo.org/my-nurse-and-i.jsp

그림 105 **프리다 칼로, 〈유모와 나My Nurse and I〉**, 1937, 35×39.8cm, 멕시코 돌로레스 올 메도 박물관, 금속판에 유채

젖을 먹고 있는 프리다의 얼굴이 어린이가 아니고 어른의 모습이다. 실제로 서양의 성모자 그림에서 아기 예수의 얼굴이 당시 영향력 있는 주교나 주요 인사의 얼굴을 닮게 그려진 예가 많았다. 프리다는 자신이 그 정도 되는 사람인 양 그림을 그린 것이다. 프리다는 이 그림을 자신의 인생 그림 중의 하나로 자랑스럽게 여겼다.

젖샘의 발달과 분비

이제, 〈유모와 나〉에 드러난 해부학적 상징을 살펴보자.

그림 106A를 보면 유모의 유방에 젖샘이 그려져 있다. 젖샘은 생식 과정에서 중요한 역할을 하는 피부 부속선 중 하나로서, 젖을 분비하는 샘꽈리와 이를 옮기는 젖샘관으로 구성된다. 사춘기가 되면 여성호르몬의 영향으로 젖샘의 크기가 점점 커진다. 프리다의 남편 디에고 리베라도 자신의 그림에 해부학적 상징들을 넣으면서, 〈교차로에 선 사람〉에 젖샘을 그려 넣기도 했다(그림 106B). 그림 106A와 그림 106B에서 파란색 화살표가 가리키는 부분이 젖샘소엽에 해당하고, 백색 화살표가 가리키는 곳은 젖샘관이다. 젖샘관의 다발이 모여 젖꼭지를 구성한다.

그림 106D는 젖샘관과 젖샘꽈리의 모형이다. 1은 임신 전의 모습으로 주로 젖샘관이 발달되어 있고, 2는 임신 중의 모습으로 젖샘관 끝에 젖샘꽈리가 형성되기 시작한다. 3은 수유 중의 모습으로 젖샘꽈리가 발달되어 젖을 분비한다.

젖 분비는 출산 후 2~3일 되어야 시작된다. 아이가 젖을 빠는 자극이 시작되면 샘뇌하수체에서는 프로락틴이란 호르몬이 분비되어 젖 분비를 촉진한다. 신경뇌하수체도 자극되어 옥시토신을 분비하고 근유상피세포를 수축시켜 젖을 젖샘관 동굴로 이동시킨다. 처음 나오는 젖을 초유라고 하는데 단백질과 항체가 많아 아이의 면역력을 강화할 수 있다.

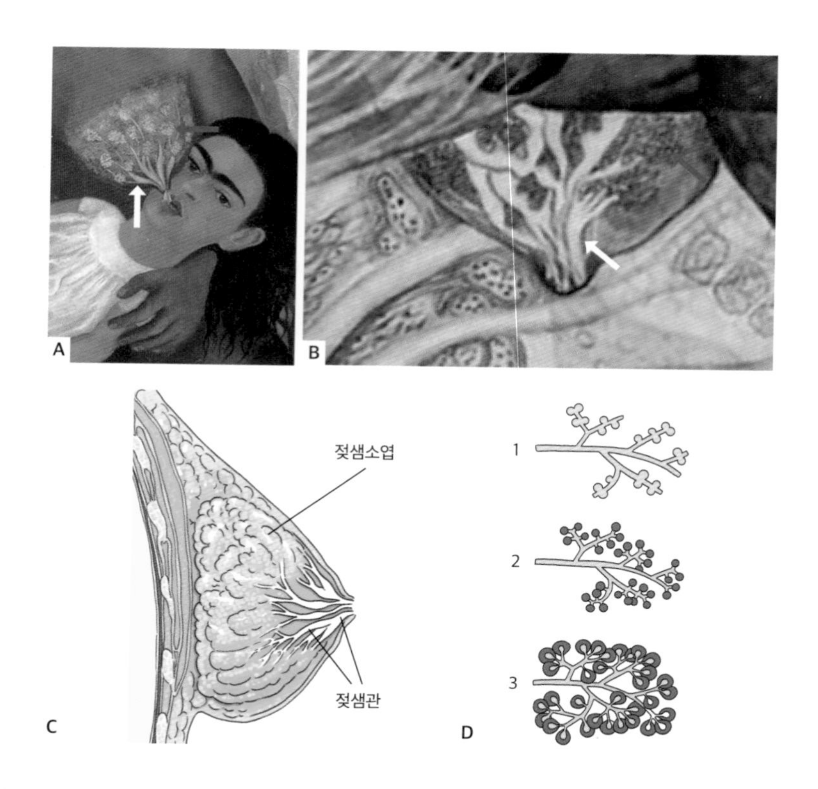

그림 106 A: 〈**유모와 나**〉 부분, B: 〈**교차로에 선 사람**〉의 오른쪽 날개 안쪽 부분으로 젖샘을 묘사한 부분, C: 최근 사용되는 대부분의 교과서에 표현된 젖샘 삽화, D: 젖샘관과 젖샘꽈리 부분의 모식도 1-임신 전, 2-임신 중, 3-수유 중

아이가 젖을 빨 때 분비되는 옥시토신이란 호르몬은 젖샘관, 자궁을 수축해 수유를 돕고, 자궁의 회복 속도를 높인다. 또 이 호르몬은 사람 간의 유대감을 증가시켜 평안함과 사랑의 감정을 느끼게 해준다고 한다. 여건이 허락하여 모유 수유를 할 때 누릴 수 있는 이점이다.

세포 분열과 창조

프리다 칼로 〈모세Moses〉, 1945

이 작품은 매우 독특한 배경에서 그려졌다. 바로, 독후감을 그림으로 옮긴 것인데, 프리다의 후원자인 돈 호세 도밍고 라빈Don Jose Domingo Lavin, 생몰년 미상이 프로이트의 책 《모세와 일신교Der Mann Moses und die monotheistische Religion》를 읽고 프리다에게 그림으로 표현해줄 것을 요청했기 때문이다. 프리다는 이 흥미로운 작업에 기꺼이 참여했다고 알려져 있다.

리베라의 〈교차로에 선 사람〉만큼이나 복잡하고 전략도 비슷해 보이는 이 그림은, 지향하는 메시지만은 디에고 리베라와 다르다. 우선 화면을 3개의 세로 지역으로 구분해볼 수 있다. 먼저 가운데 부분엔 팔을 여러 개 가진 태양이 있고, 세포분열된 세포, 태아, 수정 중인 세포가 있다. 그리고 아래 물에 떠 있는 바구니에 놓여 있는 갓난아이는 모세의 이야기를 생각나게 한다. 태양 옆의 좌우

그림 107 **프리다 칼로, 〈모세Moses〉**, 1945, 61×75.6cm, 휴스턴 미술관, 보드에 유채

는 신의 영역이다. 왼쪽은 멕시코의 신, 오른쪽은 서양의 신이다. 그 아래 얼굴을 보면 알 만한 위인들이 자리하고 있다. 맨 아래 좌우에는 평범한 인간을 대표하는, 열심히 일하고 있는 남자와 아이를 돌보고 있는 여자가 있다. 둘 다 피부색이 다른 몇 개 구역으로 묘사됐는데, 이는 여러 인종의 인류를 상징하는 것이다. 이 두 남녀의 뒤에 아주 작게 그려진 군중의 모습이 보인다. 당시의 시대적 혼란 상황과 전쟁을 묘사했다고 볼 수 있다.

중앙 부분 수정과 세포 분열, 모세의 탄생

그림 108을 보면 태양의 강렬한 에너지를 받고 있는 모세가 어머니의 자궁에서 거의 만삭 가까운 상태로 곧 분만에 진입할 것 같다. 물방울들로 보아 이미 양수가 터졌음을 알 수 있다. 자궁 내의 태아는 태아막으로 싸여 있고, 머리는 자궁의 목 부분을 향하고 있는 정상 위치이다. 자궁의 양쪽 자궁관 끝에 세포가 2개 있다.

오른쪽에는 수정이 진행되는 장면이, 왼쪽에는 세포분열의 장면이 그려져 있다. 프리다 그림 속의 분열 중인 세포는 생명을 창조하는 세포이다. 수정에 성공한 세포가 할구체로 갈라지는 순간을 묘사한 것으로 생각된다.

아래 모세의 바구니 자체도 또 하나의 자궁의 표현으로 볼 수 있다. 바구니에 있는 아기를 잘 보면 이마에 지혜의 눈이 달려 있는데, 디에고 리베라의 모습이 있다. 바구니 앞에 물을 뿜는 소라가 있는데 프리다는 이를 "사랑의 상징"이라고 불렀다.✣

중앙부 가장자리에 고목이 있는데, 그중 어린 나뭇잎이 달린 가지가 양쪽에서 태양의 손가락과 만나고 있다. 이것은 세상의 삶과 죽음의 순환을 상징한다. 〈교차로에 선 사람〉에서 리베라의 남자는 우주의 조절자였지만, 〈모세〉에서 프리다는 생명의 창조자를 보여주었다. 프리다에게 여성성은 수동적이지 않다. 여성의 생식

✣ https://www.fridakahlo.org/moses.jsp

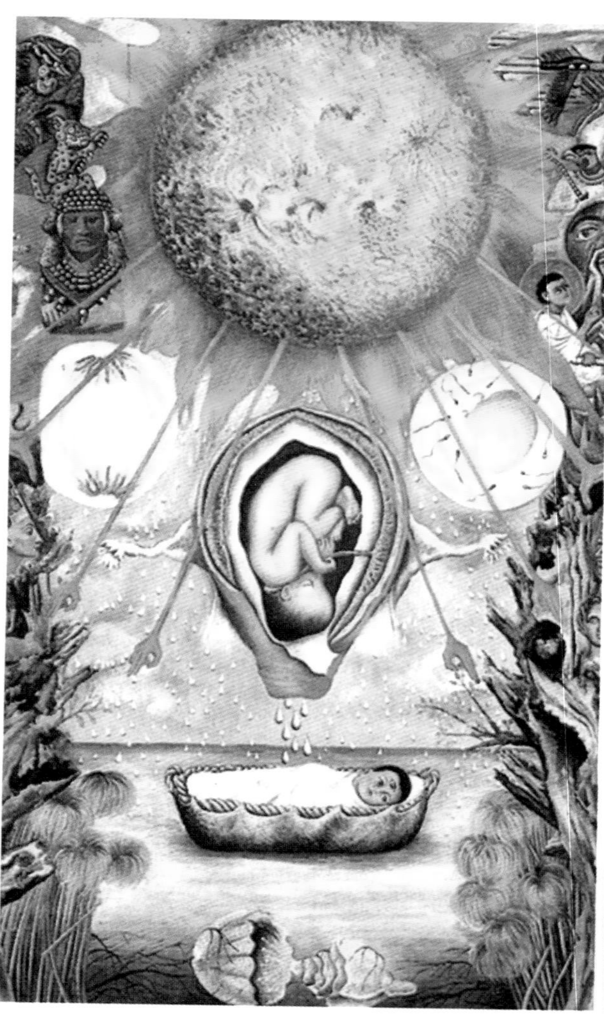

그림 108 왼쪽: **〈모세〉** 중앙 부분
오른쪽: **프리다 칼로, 〈디에고와 나Diego and I〉**, 1949, 22.4×30cm, 개인소장, 캔버스에 유채

력은 강력하다.[✣]

정자와 난자는 무한 잠재력을 가진 세포다. 이들이 홀로 존재할 때는 곧 죽음을 면치 못하지만, 이 둘이 합해지면 새로운 개체로서 출발하는 생명체가 창조되고, 우리 인류는 생명의 영속성을 확보할 수 있다.

세포분열의 발견과 예술

이제는 사람들이 세포가 분열되는 것을 당연한 이야기로 받아들이지만, 19세 말까지만 해도 잘 이해하지 못했다. 세포가 분열할 것이라고 예측되는 현상을 1844년 스위스 식물학자 칼 나겔리**Carl Nägeli, 1817~1891**가 포르말린으로 고정된 조직을 현미경으로 관찰한 후 처음 보고했고, 병리학자로 유명한 루돌프 피르호**Rudolph Virchow, 1821~1902** 박사가 여러 정황 증거에 기반하여 "모든 세포는 다른 세포로부터 나온다"고 주장했다. 1882년 독일의 세포학자인 발터 플레밍**Walter Flemming, 1843~1905** 교수가 살라만다 배아를 살아 있는 상태에서 아날린**Analine**으로 염색표지했고, 살아 있는 세포에서 어떻게 핵이 변화하는지 현미경을 통해 실시간으로 관찰하였다.

✣ Gilbert SF, Brauckmann S. Fertilization Narratives In The Art Of Gustav Klimt, Diego Rivera And Frida Kahlo: Repression, Domination And Eros Among Cells. Leonardo. 2011; 44(3): 221–227.

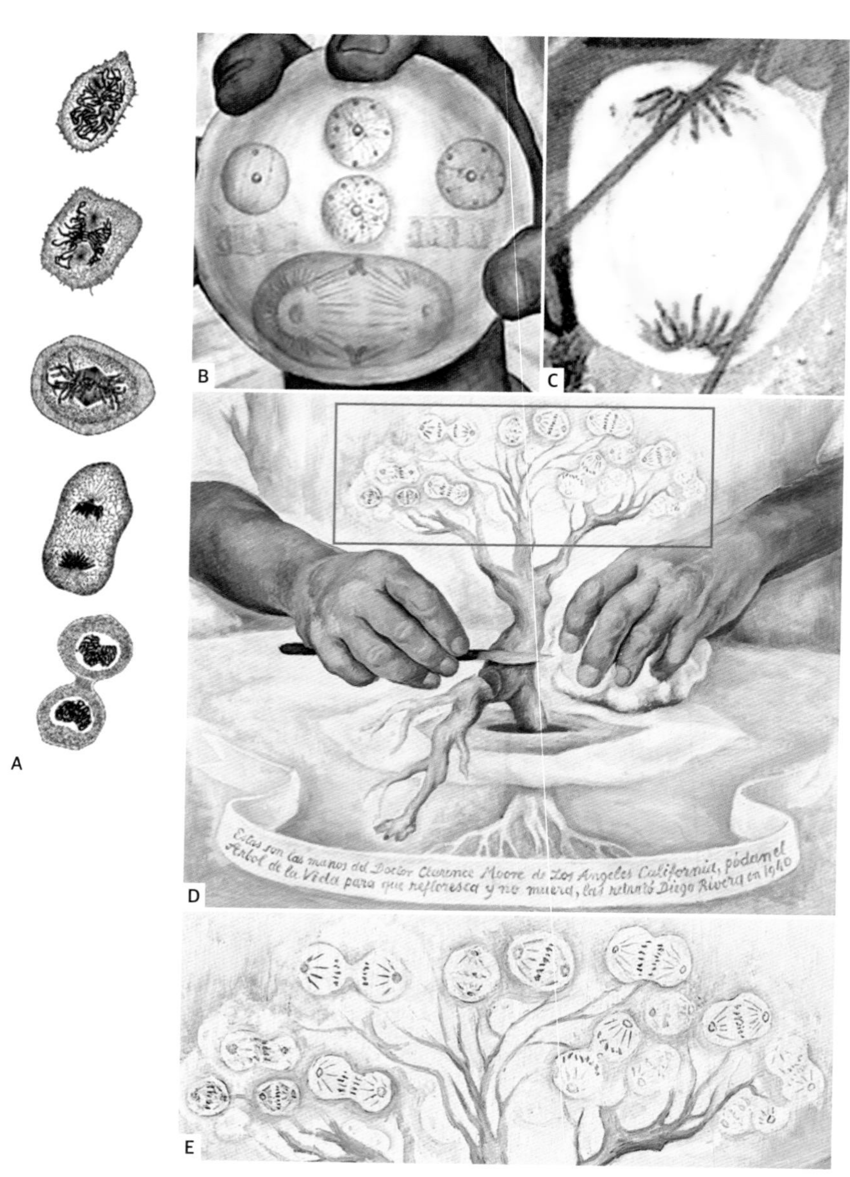

그림 109 A: 세포 분열의 발견, B: **〈교차로에 선 사람〉**의 부분, C: **〈모세〉**의 부분, D: **디에고 리베라, 〈의사 무어의 손The Hands of Dr Moore〉**, 1940, 45.8 x55.9cm, 샌디에이고 미술관, 캔버스에 유채, E: **〈의사 무어의 손〉** 부분

그 결과 핵의 변화와 염색체의 이동을 분석할 수 있었고 세포의 분열 과정이 증명되었다(그림 109A). 이후 세포분열에 관한 삽화들이 많은 의학 교과서나 교양서적에 등장하면서 인류는 발생, 성장, 질병, 수술 후 치유과정 등에 세포분열 현상이 관여함을 알게 된다.

디에고 리베라의 〈의사 무어의 손〉(그림 109B, D, E)과 프리다 칼로의 〈모세〉(그림 109C)는 발생과 치유 과정에 세포분열이 중요한 역할을 한다는 사실을 인지하고 이를 자신에 작품에 적극 활용했다.

쌍둥이와 세포의 추상

바실리 칸딘스키 〈둘 사이Between Two〉, 1934

바실리 칸딘스키Wassily Kandinsky, 1866~1944는 러시아 태생의 예술가로 추상 미술의 선구자 중 한 사람이다. 1866년 모스크바에서 태어났고 아버지를 따라 흑해 연안 오데사에서 어린 시절을 보냈다. 모스크바 대학에서 법학과 경제학을 전공하여 학위를 마치고 교수 제안을 받을 정도로 우수한 엘리트였다. 미술 전시회에서 모네의 〈건초더미〉에 서린 빛과 색채의 마법을 보면서 칸딘스키는 미술에 큰 관심을 갖게 되었고, 이때부터 본격적인 미술 공부를 시작한다.

1896년 독일 뮌헨 미술 아카데미에 등록한 칸딘스키는 초기에 인상주의와 후기 인상주의에서 영감을 받았다.✣ 어느 날 저녁 화실에 들어간 칸딘스키는 우연히 비스듬하게 놓인 자신의 그림 속

✣ https://en.wikipedia.org/wiki/Wassily_Kandinsky

에서, 이전에 경험하지 못했던 황홀함을 느꼈다고 한다. 이 경험을 통해 "무엇을 그렸느냐와 상관없이, 그림은 형태와 색채만으로도 충분히 아름다울 수 있다"✣고 깨닫고, 추상화에 대한 연구를 시작한다. 그리고 점차 자신만의 스타일을 계속 발전시키면서 색, 형태 그리고 선의 정신적이고 상징적인 측면에 관심을 갖게 된다.

칸딘스키는 전통적인 예술 형식에서 벗어나 새롭고 추상적인 표현 형식을 창조하고자 노력했고, 1910년 〈무제-추상적 수채화〉를 그린 이후 더욱 추상화에 집중한다. 오늘날 칸딘스키는 20세기의 가장 중요한 예술가 중 한 명으로 기억되며, 여전히 21세기 미술에 영향을 미치고 있다.

칸딘스키는 세포와 발생학적 요소를 모티브 삼아 여러 작품을 제작한 것으로 알려져 있다. 특히 〈둘 사이〉는 발생학적 요소가 들어 있음을 직관적으로 알 수 있는 그림이다(그림 110).

마침 뉴욕 구겐하임 박물관에서 전시한 '파리의 칸딘스키: 1934-1944' 카탈로그에 실린 해설을 기반으로 그림을 살펴보겠다.✣✣ 자세히 그림을 살펴보면 캔버스 위 모래로 덮인 영역에 2개의 구부러진 형태가 빨간색 배경으로 마주 보고 있다. 특히 왼쪽의 형태는 눈이 커다랗고 등이 구부러진 모습인데 배아의 전형적인 형상이다. 또 오른쪽의 구부러진 형태도 배아처럼 보이며 구

✣ 정민영, 〈정민영의 그림으로 배우는 자기계발 전략 - 칸딘스키 '최초의 추상적 수채화'〉, 《파이낸셜뉴스》, 2014.11.05.

✣✣ Kandinsky in Paris: 1934-1944, Solomon R. Guggenheim Foundation, New York, 1985.

그림 110 **바실리 칸딘스키, 〈둘 사이Between Two〉**, 1934, 130×95cm, 리히텐슈타인 박물관, 캔버스에 유채

부러진 내부 막대는 척삭✣과 유사하고, 배아의 피부로 보면 몸분절✣✣ 부분에 해당한다. 검은 영역은 배아의 몸 밖에 위치하는 난황주머니를 묘사한 것 같다. 그리고 빨간색 배경에 다양한 크기와 형태의 둥근 구조물이 보이는데 공기 방울 같기도 하다. 이것은 혈구 세포를 칸딘스키의 방식으로 그려낸 것이다.

추상의 기원을 추적해보자

칸딘스키가 소장했거나, 당대에 얻을 수 있는 자료를 비교하여 그림 111을 구성했다. A의 왼쪽 형태는 약 28일 된 사람 배아의 형태에서 따온 것으로 보인다. B와 C를 조합하면 그림 A가 된다. B는 헤르트비히의 책에 있는 28일 된 배아의 그림이다.✣✣✣ 등이 구부러진 형태와 눈의 위치를 보자. B의 화살표가 지시하는 원 부분이다. 가슴과 배 앞쪽에 불룩하게 나와 있는 구조는 심장(C의 h)이다. 발생 3주가 지나면 원시 심장이 형성되어 박동하기 시작하고, 전신에 혈액을 공급한다. C는 A의 오른쪽 형태의 기원이다. 발생 약 24일쯤 되는 사람의 배아이다.

✣ 몸의 중앙 등쪽에 신경관 바로 밑을 전후로 뻗어 있는 막대 모양의 지지기관이다.

✣✣ 척삭의 양옆으로, 머리쪽에서 꼬리쪽 방향으로 덩어리를 이루어 분절처럼 배열된 것이다.

✣✣✣ Hertwig, Oscar, Text book of the embryology of man and mammal 3rd edition, translated by Mark EL, New York, The Macmillan co. 1901.

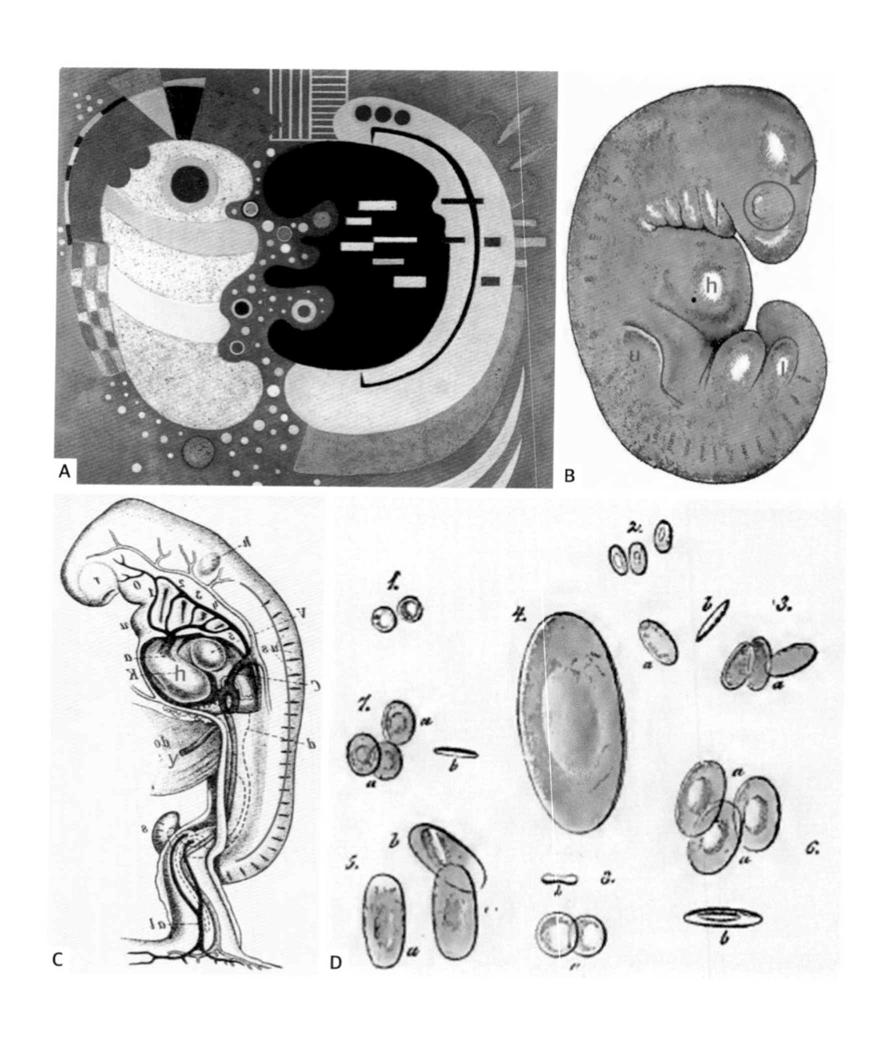

그림 111 A: **〈둘 사이〉**의 부분, B: 28일 된 사람 태아의 스케치. h는 심장융기, l은 다리싹 (lower limb bud), u는 팔싹(upper limb bud)이다. C: 24일 된 사람 태아(헤르트비히의 혈통학 책), D: 다양한 동물의 혈구 세포(헤켈의 책)

참고한 도서의 그림에는 배아가 오른쪽을 바라보고 있는데,[✣] 〈둘 사이〉와 방향을 맞추기 위해 그림을 뒤집어보았다(그림 111C). 이 그림을 보면 빨간 곡선을 따라 눈금같이 표시된 구조가 몸분절이다. 실제로 해부해서 그 안을 살펴보면 등뼈를 만드는 척삭이 길게 늘어서 있다. 바로 이 부분에 대한 내용이 A의 오른쪽 그림에 검은색 곡선으로 표현됐다. 오른쪽 배아의 앞에 검게 표현된 구조는 발생 초기에 존재하는 난황주머니이다(C의 y). 마지막으로 A의 다양한 형태의 둥근 구조는 혈구 세포들로, 이미 우리에게 익숙한 헤켈의 책에서 따온 다양한 동물의 혈구 세포 그림이다(그림 111D).[✣✣]

쌍둥이?

그림을 정리하면 〈둘 사이〉는 두 배아가 서로 마주 보고 있는 쌍둥이 그림이고, 혈액을 통해 영양분과 산소가 공급될 것이다. 실제로 태아가 발생할 때 이렇게 마주 볼 수 있을까? 가능하기도 한데 이런 경우는 매우 드물다. 아마도 칸딘스키는 태아 단계부터 친구처럼 지내는 존재를 상상하여 쌍둥이의 모습을 그림처럼 구성한 것으로 보이는데, 발생과 관련된 태아막의 역할과 구조까지는

✣ Hertwig, Richard Karl Wilhelm Theodor von Sir et al, Abstamnuingslehre: Systematik, Paliiontologie unci Biogeographie, Leipzig, 1914.

✣✣ Haeckel, Anthropogenie, oder, Entwickelungsgeschichte des Menschen: Keimes- und Stammes-Geschichte, 1903.

생각하지 않았을 것으로 보인다. 이렇게 쌍둥이가 같은 공간을 사용하고 있다면 매우 위험하다. 서로 탯줄이 감겨서 치명적일 수 있기 때문이다. 통상 일란성 쌍둥이의 경우 태반을 공유하는 경우가 많고, 태아막은 구분되어 각각 다른 공간에서 발달하며, 이란성 쌍둥이는 태아막과 태반을 각각 형성하는 경우가 많다.

자연, 운명의 지배자

요제프 볼프 〈겨울철의 들꿩Ptarmigan: Winter〉과 〈여름철의 들꿩Ptarmigan: Summer〉, 1873, 1875

요제프 볼프는 독일의 자연사 전문 삽화 미술가였다. 다윈의 여러 차례에 걸친 요청으로 다윈의 책《인간과 동물의 감정 표현The Expression of the Emotions in Man and Animals》의 삽화 작업에도 참여했다.✣ 볼프는 다윈의《인간의 유래와 성 선택》이 출판된 이후 동물 색깔에 주목하게 된다. 겨울철과 여름철에 깃털의 색이 변하는 들꿩은 적자생존의 좋은 예였고, 볼프는 이를 그림의 주제로 삼았다.

우선 그림 112를 살펴보면, 배경이 겨울이고 새들은 눈 덮인 산야에 옹색하게 모여 있다. 눈바람이 휘몰아쳐 능선을 만들었고 빈약한 식물들이 삐죽하게 나와 있어 먹이를 제공한다. 그림 113의 여름에는 최강의 포식자 독수리가 꿩의 머리 위를 날고 있고, 꿩들

✣ https://en.wikipedia.org/wiki/Joseph_Wolf

그림 112 **요제프 볼프, 〈겨울철의 들꿩Ptarmigan: Winter〉**, 1873, 27.9×50.5cm, 빅토리아 앨버트 박물관, 캔버스에 수채

그림 113 **요제프 볼프, 〈여름철의 들꿩Ptarmigan: Summer〉**, 1875, 27.9×50.2cm, 빅토리아 앨버트 박물관, 캔버스에 수채

은 이끼로 덮인 바위 위에 웅크리고 있거나 덤불 사이에 숨어 있다. 이 수채화는 깃털과 덤불의 신선하고 절묘한 디테일, 흩어지는 안개의 시적 효과와 여전히 눈으로 장식된 먼 산의 모습을 통해 삶에 대한 큰 욕구를 전달한다. 이전의 예술가들이 그린 아름다운 자연만을 담은 그림에 비해, 다윈의《종의 기원》에 근거하여 있는 그대로의 자연, 아름답지만 파괴적인 자연을 보여주고 있다.

다윈은《인간의 유래와 성 선택》에서 들꿩이 가장 위험할 때는 봄이라고 언급했다. 한겨울이나 한여름의 경우 보호색 덕분에 잘 숨을 수 있지만, 겨울 깃털이 여름 깃털로 변하는 중간시기인 봄-초여름엔 깃털이 흰색이 남아 있는 얼룩덜룩한 갈색이어서, 맹금류의 눈에 포착되기 쉽다고 한다. 그 작은 차이가 봄철 꿩들의 생사를 결정한다. 볼프는 환경에 따라 반응하는 동물의 (보호)색이 자연선택의 또 다른 기능이라는 다윈의 이론을 그림으로 잘 표현한 것이다.✣ 그의 겨울철, 여름철의 들꿩 그림은 '미세한 차이Grain in the Balance'가 동물의 운명을 결정짓는다는 다윈의 주장을 보여주고 있다.

✣ Donald, Diana. Endless forms. England: Fitzwilliam Museum, 2009.

에필로그

우리는 어디서 와서 어디로 가는가?

"우리는 어디서 와서 어디로 가는가?" 이 책을 쓰면서 세상에 태어난 모든 사람이 한 번쯤 품었던 질문을 다시 떠올리게 되었다. 이 질문에 대한 답은 한결같을 수 없을 것이다. 아주 철학적인 질문이기도 하고 매우 현실적인 질문이기도 하기 때문이다. 우리가 어렸을 때 "엄마! 아빠! 나 어디서 나왔어?" 하고 물었던 내용이 "우리는 어디서 왔는가"에 대한 질문이고, 이에 대한 과학적 접근이 곧 발생학이다.

이 책에서 언급한 바와 같이 필자는 클림트의 〈키스〉가 인간 발생의 첫 3일을 표현한 그림이라고 해석했다. 이 그림을 실마리로 클림트의 여러 작품과, 발생과 진화에 관련된 그림을 그린 작가들의 작품을 소개하다 보니 발생에 대한 전반적인 내용을 다루게 되었다.

인류가 오랜 세월에 걸쳐 가지고 있던 의문, 즉 인간의 기원과 생식을 통해 종족을 유지하는 비밀이 과학자들의 노력으로 하나하나 밝혀졌다. 먼저 고대 이집트, 인도 선지자들의 통찰력 있는 기술로부터 시작해서, 히포크라테스와 아리스토텔레스의 실험을 통한 과학적 추론이 있었다. 이후 과학 혁명과 현미경 발명을 통해 인류는 정자와 난자를 발견했고, 수정되는 순간부터 완성된 생명체로 거듭나는 전 과정을 20세기가 막 시작하기 바로 전에 이해하게 되었다.

성공적인 정자와 난자의 만남으로 완전체가 된 수정란에서 인간 발생은 시작된다. 열 달 동안 자궁 내에서 성장한 태아는 출생하여, 독립된 한 인간으로 신생아, 영아, 유아, 어린이, 청소년, 성인, 노인을 거치며 마지막으로 삶을 마무리하게 된다.

한 개인의 관점으로 봤을 때, 우리는 우주의 티끌만큼이나 의미없는 존재일 수 있다. 하지만 우리는 생식을 통해 다음 세대로 연결되면서 어버이로부터 우리에게, 다시 우리의 아이들에게로 이어지는 생물학적 영속성을 유지한다. 이 무수한 세월에 걸쳐 인간은 가장 잘 적응하는 생명체로 살아남기 위해 끊임없이 진화해왔다.

예술작품은 시대상을 반영한다. 특히 19세기 중반부에서 20세기 초까지는 진화론과 더불어 많은 발생학적 발견이 이루어진 시기다. 이러한 내용은 지식인들 간의 소통, 사교클럽에서의 교류 그리고 미디어를 통해 예술가를 포함한 일반대중에게 전해졌다. 예술가들은 새롭게 알게 된 흥미로운 과학적 서사를 그들의 작품에 녹여냈다. 실제로 다윈의 진화론에 영감을 받아 많은 그림이 그려졌고, 이 책에서 〈켄트주 페그웰베이〉, 〈기원〉, 〈말 못하는 유인원〉, 〈겨울철의 들쩡〉, 〈여름철의 들쩡〉 같은 작품을 소개했다. 별도로 소개하지는 않았지만 세잔, 드가, 모네 등의 인상파 화가들도 진화론의 영향을 받은 작품을 그린 것으로 알려져 있다.

과학의 발전이 사회에 영향을 주고, 다시 예술가에 의해 재해석되어 그 시대에 이루어낸 과학적 업적이 예술적으로 발현됐다. 예술가들의 천부적인 재능과 영감 덕분에 진화·발생학적 소재를 포함한 걸작들이 남았다. 우리는 다시 그들의 작품을 통해 의학사적 통찰을 얻게 되었다. 예술가들이 그려낸 걸작을 하나하나 뜯어보면서, 어렵게만 느껴지는 인간의 발생과 진화에 관한 흥미로운 이야기를 재미있게 접할 수 있게 되었다. 과학과 예술의 아름다운 만남, 그리고 예술로 가득 찬 우리의 삶을 찬미한다! Bravo!

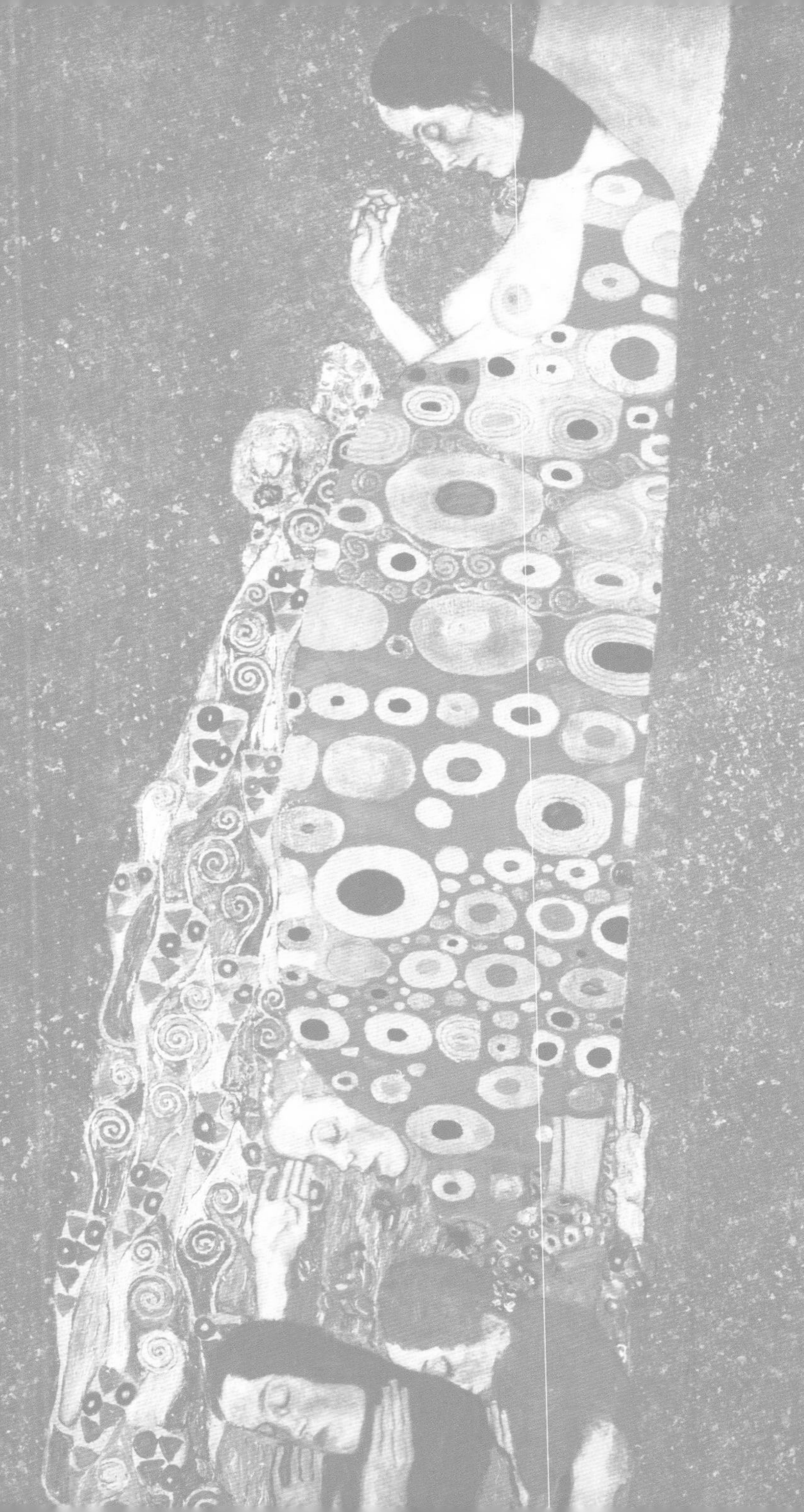

클림트를 해부하다

〈키스〉에서 시작하는 인간 발생의 비밀

초판 1쇄 발행 2024년 01월 16일
초판 2쇄 발행 2024년 02월 13일

지은이 유임주
펴낸이 이상훈
편집2팀 원아연 최진우
마케팅 김한성 조재성 박신영 김효진 김애린 오민정

펴낸곳 (주)한겨레엔 www.hanibook.co.kr
등록 2006년 1월 4일 제313-2006-00003호
주소 서울시 마포구 창전로 70(신수동) 화수목빌딩 5층
전화 02-6383-1602~3 **팩스** 02-6383-1610
대표메일 book@hanien.co.kr

ISBN 979-11-6040-738-9 (03470)